KB126615

10대에
프로그래머가
되고 싶은 나,
어떻게 할까?

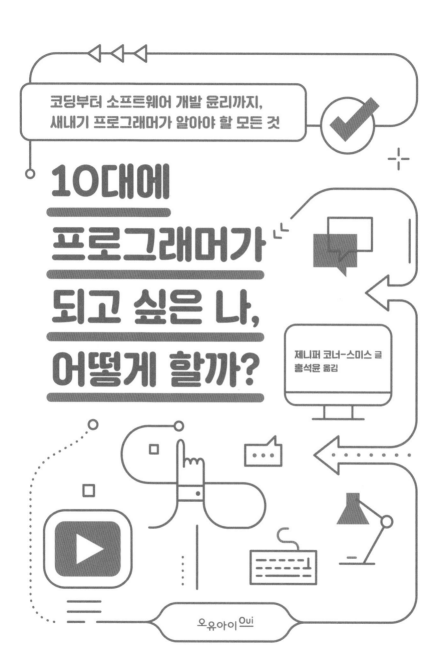

코딩부터 소프트웨어 개발 윤리까지,
새내기 프로그래머가 알아야 할 모든 것

10대에
프로그래머가
되고 싶은 나,
어떻게 할까?

제니퍼 코너-스미스 글
홍석윤 옮김

오유아이 Oui

차례

작가의 말

두 여고생 안드레아(앤디) 곤잘레스와 소피 하우저는 2014년 여름 뉴욕의 걸스후코드Girls Who Code* 특강 캠프에서 처음 만났다. 앤디는 기본적인 코딩 기술을 익히고 캠프에 왔지만, 소피는 어떤 것을 배울지 몰랐다. 소피는 코딩에 무슨 언어가 있다는 건 들었지만, "그게 글자던가, 숫자던가? 두 가지가 다 섞였나? 구글 문서를 만들 때 써 봤나? 코딩을 알려면 특별한 프로그램을 배워야 하나?"라고 생각할 정도로 코딩에 대해 잘 몰랐다. 소피는 학교에서 스페인어를 배울 때도 애먹었기 때문에 "단어장을 만들거나 코딩 명사, 코딩 동사, 코딩 시제 같은 걸 외워야 할까?"라고 생각하며 코딩을 배우는 데 확신이 없었다.

소피는 몇 주 동안 프로그래밍 언어를 몇 가지 배웠고(단어장은 필요 없었다), 마침내 앤디와 짝이 되어 앱을 만들 수 있는 정도가 되었다. 둘이 함께 아이디어를 찾던 중, 앤디는 비디오 게임

---

*걸스후코드: 여성을 위한 코딩 교육을 제공하는 미국의 비영리 단체.

에서 여성 캐릭터가 옷도 제대로 입지 않고 끔찍하게 피 흘리며 죽는 장면에 불만을 드러냈다. 둘은 사람들이 피투성이 비디오 게임은 아무렇지 않게 보면서, 여성이 생리하는 것에는 왜 그렇게 질겁하는지 모르겠다며 생각을 나눴다.

생리를 언급하는 것조차 쉬쉬하는 현실에 속이 상한 소피와 앤디는 게임에 자신들의 의견을 담아 보기로 했다. 그 일을 추진하기 위해 우선 여성의 생리에 대해 잘못 알려진 이야기들을 모았다. 생리대가 없어 생리하는 날에는 학교에 가지 않는 인도의 소녀 같은 끔찍한 이야기가 대부분이었다. 텍사스주 관리들이 의사당에 총기를 갖고 들어가는 건 허용하면서, 여성들이 시위 도중에 던질까 봐 탐폰 생리대를 갖고 들어가는 건 금지한다는 농담도 있었다.

소피와 앤디는 곧바로 탐폰 런Tampon Run 게임을 만들겠다는 계획을 세웠다. 게임 속 캐릭터가 탐폰 생리대를 총알 삼아 적을 공격하고, 총알이 떨어지면 탐폰 상자 위에 올라타 탐폰 생리대를 재장전하는 방식이었다. 그런데 게임을 코딩하는 데 생각보다 시간이 더 걸렸다. 소피는 게임 속 캐릭터가 점프하는 데 한 시간이면 충분하리라 생각했지만, 아침부터 시작된 문제가 오후까지 이어졌다. 그날 하루가 다 지나도록 소피는 여전히 꿈쩍하지 않는 캐릭터, 복잡한 코드, 느린 컴퓨터, 부족한 코딩 기술을 원망했다.

마침내 집에 가려고 자전거 있는 곳으로 가면서, 소피는 캐릭터가 점프를 너무 빨리 시도했다는 것을 깨달았다. 다행히 그리 고치기 어려운 문제가 아니었다. 앤디도 비슷한 경험을 했다. 앤디는 캐릭터를 달리게 하는 게 쉬울 거라고 생각했지만, 결국 온라인 강좌를 보면서 새벽 3시까지 코드와 씨름해야 했다.

몇 주에 걸쳐 코딩 작업이 끝나고, 소피와 앤디는 마침내 가족과 기술 멘토 들을 초대해 게임을 공개하기로 했다. 소피는 사람들 앞에서 말하는 것을 두려워하는 데다가 생리대에 대해 말하는 것이 정말 싫었다. 앤디도 보수적인 부모님이 생리대를 던지는 게임을 몹시 못마땅해 하실까 봐 걱정이 많았다. 하지만 결과적으로, 걱정할 필요가 없었다. 소피는 중간에 대사를 까먹었지만 박수갈채를 받으며 연설 원고를 읽어 내려갔고, 앤디의 부모님도 못마땅해하기는커녕 앤디에게 고생했다고 격려했다.

성공적인 발표에 힘입어 소피와 앤디는 온라인에 탐폰 런 게임을 공유했다. 놀랍게도 CNN, 버즈피드, 틴 보그 잡지 같은 유명 매체들이 탐폰 런을 대서특필했고, 인터넷계의 아카데미상으로 불리는 웨비 어워드의 피플스 보이스 부문을 수상하면서 탐폰 런은 인기를 끌기 시작했다. 소피와 앤디는 테크 기업 피보탈 랩스와 손잡고 아이폰용 게임을 만들었고, 테드 엑스^{TEDx}*에서 강연도 했으며,《소녀들이 만든 코드: 게임, 대유행, 그리고 모든 것

---

* **테드 엑스**: 테드의 허락하에 지역에서 독립적으로 운영하는 강연회.

을 이루다》라는 책도 냈다.

소피는 자신의 탁월한 재능을 설명해 달라는 부탁을 받았을 때, 아무 대답도 할 수 없었다. 자신은 특별한 기술이 없으며 열심히 노력했을 뿐이라고 생각했다. 그러다 열심히 노력하는 것이야말로 탁월한 재능임을 깨닫고 소피는 이렇게 말했다. "목표를 정할 때, 처음에 불가능한 도전처럼 느껴져

2015년 뉴욕 트리베카 영화제의 트리베카 혁신상 시상식에 참석한 소피 하우저(왼쪽)와 안드레아 곤잘레스.

도 그것을 이루기 위해 필요한 일이라면 무엇이든 합니다." 소피는 소프트웨어 개발자로 성공하는 마법을 그런 간단한 말로 표현했다. 코딩을 하기 위해서는 높은 아이큐나 기술에 대한 집착이 아니라 한 번에 한 걸음씩 계속 나아가려는 의지만 있으면 되는 것이다!

고등학교를 졸업한 후 소피와 앤디는 둘 다 자신의 길을 개척해 나갔다. 앤디는 노스캐롤라이나대학교에서 컴퓨터 과학을 전공하고 마이크로소프트에서 인턴으로 근무했다. 소피는 브라운대학교에서 컴퓨터 과학을 전공했고 페이스북에서 인턴으로 근무했다. 둘은 다른 관심사에도 시간을 많이 썼다. 앤디는 팟캐

스트를 제작하며 주거 취약 계층을 위해 자원봉사를 했다. 소피는 초등학생 대상으로 공학 지망생 클럽을 운영하며 성 인지 교육도 빼놓지 않았다.

소피와 앤디와 달리, 개발자 대부분은 자신이 하는 작업으로 대중의 관심을 받지 못한다. 그러나 이 두 소녀의 이야기는 소프트웨어 개발 분야에 진출한 사람들의 수많은 사례를 반영한다. 다양한 이력을 가진 사람들이 다양한 관심사를 가지고 개발자의 세계에 입문한다. 소피처럼, 대부분은 코딩이 얼마나 쉬운 일이 될 수 있는지 알기 전까지 약간 겁먹기도 한다.

2018년을 기준으로, 전 세계에서 2200만 명이 넘는 사람이 소프트웨어 개발자로 일하고 있다. 개발자를 '코딩에 집착하는 천재 괴짜'로 묘사하는 고정 관념이 있지만, 개발자도 남들처럼 친구 또는 가족과 어울리고 평소에는 TV를 보며, 자원봉사도 하고, 예술을 창작하거나 스포츠를 즐기는 평범한 사람들이다.

시중에 나온 코딩 책은 대부분 특정 프로그래밍 언어를 사용하는 방법을 가르친다. 프로그래밍 언어를 배우는 건 분명히 중요하지만, 코딩은 명령어를 입력하는 이상의 일이다. 이 책은 소프트웨어 개발자의 사고방식과 개발자의 일이 왜 중요한지에 초점을 맞춘다. 전반부는 프로그래밍 언어를 선택하는 것부터 코딩 오류를 찾는 것까지, 하나의 아이디어를 앱으로 완성하는 과정을 다룬다. 개발자가 복잡한 아이디어를 해결하고, 넘쳐 나는 데이터를 관리하며, 인공지능AI 프로그램을 훈련시키는 일을 어떻게 해내는지 알게 된다. 따라서 1장부터 4장까지는 순서대로 읽어야 이해하기 쉬울 것이다.

책의 후반부는 사회·윤리적 문제에 초점을 맞췄으니, 순서와 상관없이 읽어도 괜찮다. 5장부터 8장까지는 테크 기업이 어떻게 인간의 심리를 이용하여 돈을 버는지, 개발자들이 어떻게 본의 아니게 편향적인 AI 프로그램을 만들게 되는지, 테크 기업들이 다양성을 포용하는 게 더 나은 코드를 만드는 것과 무슨 상관이 있는지 등을 탐구하게 된다. 이 책을 다 읽으면, 여러분은 코딩이 그저 모호한 명령어들을 암기하는 일이 아니라는 사실을 알게 될 것이다. 코딩은 우리가 사는 세상을 바꾸는 일이다!

1장   소프트웨어 개발이란?

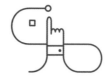

소 프트웨어를 만드는 사람들의 이력은 아주 다양하다. 수학, 과학, 첨단 기기를 좋아하기 때문에 이 분야로 오는 사람도 있고, 창조적인 일을 좋아하거나 사회 문제를 해결하기 위해 개발자가 되는 사람도 있다. 또 개발자 중에는 코드를 작성하는 데 시간을 많이 쓰는 사람이 있는가 하면, 팀을 관리하거나 앱을 더 사용하기 쉽게 만드는 데 시간을 쓰는 사람도 있다. 소프트웨어 개발 일은 매우 유연하기 때문에, 한 가지 역할로 시작했다가 자신이 가장 좋아하는 일을 찾으면 그 역할로 전환하는 경우도 적지 않다.

개발자의 여러 이름들

소프트웨어를 만드는 사람들은 컴퓨터 프로그래머, 소프트웨어 개발자, 소프트웨어 엔지니어, 코더 등 여러 이름으로 불린다. 종종 프로그래머 또는 개발자로 줄여서도 부른다. 기계 공학자가 다리를 짓기 위해 강철과 콘크리트를 사용하는 것처럼, 소프트웨어 개발자는 프로그램을 짓기 위해 코드 단위를 사용한다.

소프트웨어 개발은 매우 넓은 범위의 분야라, 같은 개발자라도 서로 전혀 다른 프로젝트를 다루는 경우가 많고 일상의 책임도 아주 다를 수 있다. 예를 들어, 한 개발자가 고급 수학을 사용해 미국의 국가정보기관인 중앙정보국CIA의 강력한 암호화 도구를 만드는 반면에 다른 개발자는 유치원생의 당뇨병 관리를 돕는 어린이용 앱을 만들 수 있다.

개발자가 일하는 환경은 다양하다. 구글이나 마이크로소프트 같은 소프트웨어 중심의 기업에서 일하면서 수백만 명이 사용할 프로그램을 만드는 개발자도 있고, 병원, 대학, 공항 또는 제조업체 등을 위해 고객 주문형 소프트웨어를 만드는 대기업에서 일하는 개발자도 있다. 오락 산업에서 일하는 개발자는 비디오 게임이나 영화의 특수 효과를 만드는 일을 한다. 정규직 개발자가 필요 없는 중소기업을 위해 코드를 만들어 주는 컨설턴트로 일하는 개발자도 있다. 또 회사에 소속되지 않고 혼자 일하면서 앱을 만들어 판매하는 프리랜서 개발자도 있다.

개발자가 하는 일은 매우 다양하다. 시스템 프로그래머는 운영 체제OS, Operating System를 만들고 개선하는 일을 한다. 이들이 만드는 코드가 기기를 잘 작동시켜, 우리가 일상에서 쓰는 스마트폰으로 음악을 스트리밍하고, 웹을 검색하고, 문자를 받을 수 있는 것이다. 소프트웨어 설계자는 프로그램 디자인의 큰 그림에 초점을 맞추며, 다른 개발자가 따라야 할 청사진을 만든다. 프론트엔드 개발자는 사용자가 직접 눈으로 보는 프로그램을 만드는 반면에, 백엔드 개발자는 사용자가 직접 확인할 수 없는 기초 시스템 요소를 만드는 일을 한다.

그러나 개발자의 역할이나 환경이 어떠하든, 개발자가 하는 일이 창의적인 문제 해결과 팀워크의 기회를 제공한다는 점은 같다.

개발자가 되려면

코딩을 배우려면 성적이 좋아야 한다고 생각할지 모르지만 인내심, 끈기, 창의력이 더 중요하다. 물론 성공한 개발자 가운데는 학교에서 수학이나 과학을 힘겹게 배운 사람이 많다. 그중에 일찍부터 코딩을 시작한 사람도 있지만, 아들딸이 결혼한 후에야 코딩을 시작한 사람도 꽤 많다.

많은 개발자가 대학에서 컴퓨터 과학을 공부한 후, 이 분야에 진출한다. 대학에는 대부분 기본적인 컴퓨터 과학, 소프트웨어 개발, 소프트웨어 공학을 공부할 수 있는 학과가 있다. 또 게

2010년 신제품 발표회에서 새로운 아이폰 소프트웨어를 발표하는 스티브 잡스.

임 디자인이나 정보 시스템 보안 학과가 있는 대학도 있다. 이런 학과를 졸업하면 취업 문이 아주 넓다. 한 조사에 따르면, 개발자를 구하는 일자리의 약 절반이 코딩 관련 학위를 요구하거나 선호한다고 한다.

그러나 코딩 관련 일자리 전부가 학위를 요구하는 건 아니다. 대다수 회사는 훌륭한 코딩 기술만 있다면 그 사람이 코딩을 어디서 배웠는지 신경 쓰지 않는다. 애플의 창업자인 스티브 잡스Steve Jobs와 스티브 워즈니악Steve Wozniak은 대학을 그만두고 실전의 경험을 쌓은 사람들이다. 페이스북의 설립자인 마크 저커버그Mark Zuckerberg나 마이크로소프트의 설립자 빌 게이츠Bill Gates와 폴 앨런Paul

마크 저커버그는 하버드대 기숙사 방에서 룸메이트들과 페이스북을 시작했다. 그는 이 일을 하기 위해 2학년 때 대학을 중퇴했다.

Allen도 마찬가지였다. 실제로 전 세계 개발자 중 코딩 관련 학위를 가진 사람은 43%밖에 되지 않는다.

대학에서 학위를 받는 대신, 몇 달 만에 기본적인 기술을 중심으로 가르치는 코딩 전문 교육 기관에 등록해 코딩을 배우는 사람도 많다. 비용이 들기는 하지만, 대부분의 교육 기관은 장학금을 제공하거나 학생이 취업한 후에 등록금을 내는 제도를 도입하고 있다. 이런 교육 기관들이 수강 자격을 18세 이상의 성인으로 제한하는 이유도 졸업하고 바로 일자리를 얻도록 하기 위해서다.*

하지만 나이에 관계없이 돈을 들이지 않고 코딩을 배우는 방법도 많다. 웹 기반의 대규모 공개 온라인 수업이 많이 개설되어 있다. 일부 온라인 강좌는 13세부터 등록할 수 있지만, 대부분은 나이 제한을 두지 않는다. 테크 기업과 대학도, 앱 개발부터 데이터 관리까지 다양한 종류의 강좌를 제공한다. 초보자를 위한

---

* 한국에서도 취업자를 위한 강좌에 정부 보조금이 지원된다.

과정도 있고, 코딩 경험이 몇 년 되는 사람들을 대상으로 하는 고급 과정도 있다. 학점을 받는 게 아니어도 숙제를 열심히 할 만큼 학습 의욕이 있는 학생에게는 코딩을 배울 수 있는 효과적인 방법일 것이다.

책이나 무료 온라인 강좌를 통해 독학으로 코드를 배울 수도 있다. 공공 도서관에는 어린이와 청소년 대상의 코드 학습서가 많다. 특정 프로그래밍 언어를 배울 수 있는 책도 있고, 애니메이션이나 게임 디자인의 기본을 배울 수 있는 책도 있다.

코딩을 배우고 싶은가? 유치원생 대상의 만화 캐릭터 디자인부터 성인 대상의 스마트폰용 앱 개발까지 다양한 연령별, 수준별 수업이 있는 웹사이트를 어렵지 않게 찾을 수 있다. 이런 무료 온라인 교육을 이용해 실제로 프로그램을 만드는 10대 청소년도 많다. 한 중학교 여학생들은 앱 인벤터App Inventor*로 시각 장애 학생에게 학교 주위의 도로를 안내해 주는 앱을 만들기도 했다.

온라인으로 배우는 것보다 실제로 수업 듣는 것을 좋아한다면 학교나 클럽, 코딩 캠프에서 제공하는 수업으로 코드를 배울 수 있다. CoderDojo.com, CodeClubWorld.org, GirlsWhoCode.com 같은 전 세계 어린이와 청소년을 위해 무료로 코딩 클럽을 운영하는 기관이 많다. 유료 코딩 캠프도 상당수는 장학금을 제

---

*앱 인벤터: 자바 등 복잡한 프로그래밍 언어와 달리, 초보자도 쉽게 안드로이드용 앱을 만들 수 있는 오픈 소스 개발 도구.

공한다.

·이처럼 코딩을 배울 수 있는 방법이 많기 때문에 나이 혹은 수업료를 낼 경제적 능력과 관계없이 누구나 오늘 당장 시작할 수 있다!

컴퓨팅 사고

컴퓨터의 속도와 정확도에 비하면, 인간의 능력은 비할 수 없이 부족하다. 호주머니 크기의 최신 스마트폰만 해도 초당 6천억 회라는 엄청난 작업을 처리할 수 있다. 하지만 놀라운 속도에도 불구하고, 컴퓨터는 똑똑하지 않고 생각하거나 추론할 수 있는 능력이 없다. 인간과 달리, 컴퓨터는 아주 구체적인 지시가 없으면 간단한 일조차 해낼 수 없다. 이제 막 걸음마를 하는 아기도 "가서 공 주워 오렴." 하면 공을 따라 간다. 하지만 로봇이 공을 주워 오게 하려면 먼저 공의 위치를 찾아내고, 경로를 도표로 표시하고, 앞으로 이동하고, 공을 향해 손을 뻗고, 마침내 공을 잡는 모든 과정을 설명하는 수십만 줄의 코드를 인간이 작성해야 한다!

프로그램을 만들 때, 소프트웨어 개발자가 해야 할 가장 중요한 일은 특정 과제를 수행하는 데 필요한 단계들을 일일이 확인하는 것이다. 개발자들은 이것을 컴퓨팅 사고[CT, Computational Thinking]

라고 부른다. CT에는 다음과 같은 내용이 포함된다.*

- **분해**: 복잡한 문제를 몇 개의 작고 단순한 문제로 쪼갠다
- **패턴 인식**: 문제 전반에 걸친 유사성을 모형화한다
- **추상화**: 문제의 본질적인 부분과 본질적이지 않은 부분을 구분한다
- **알고리즘 설계**: 문제 해결을 위한 일련의 단계를 알고리즘으로 만든다

CT가 낯설게 들릴지 모르지만, 사실 사람도 늘 컴퓨팅 사고를 한다. 예를 들어, 친구와 영화를 보러 가고 싶다고 해 보자. 그 일을 하려면 우선 영화를 골라야 하고, 부모님 허락도 받아야 하고, 영화관 가는 길을 찾아야 하는 등 여러 작은 문제들을 해결해야 한다(분해). 또한 친구를 만나기 전에 집안일을 끝내야 한다면, 그 일도 영화를 보러 가기 전에 해결해야 할 일에 넣는다(패턴 인식). 영화를 보러 가는 것은 본질적인 문제지만 극장에 가는 방법, 즉 걸어가거나 버스를 타고 가거나 부모님 차를 타고 가거나 하는 것들은 본질적인 문제가 아니다(추상화). 또 버스 노선을 결정하기 전에 위치를 확인하고, 표를 사기 전에 돈을 빌려 놓는 등 올바른 순서로 문제를 하나씩 해결해야 한다(알고리즘 설계).

CT는 소프트웨어 개발에 매우 중요하기 때문에, 많은 코

---

*미국 및 영국의 교육은 본문 4단계를 따르며, 한국에서는 크게 자료 수집, 자료 분석, 구조화, 추상화(분해, 모델링, 알고리즘), 자동화(코딩, 시뮬레이션), 일반화로 나눈다.

프로그램 짜기

개발자는 코드를 만들기 전에 프로그램이 해야 할 모든 단계를 먼저 파악한다. 연습 활동을 통해 이 감각을 익혀 보자. 친구들이 초인종을 누르면 가사 로봇이 문을 열고 친구들을 집 안으로 들이는 데 필요한 단계를 모두 나열해 보자.

가사 로봇은 아래의 단계를 해내야 한다.

- 초인종 소리를 인식한다.
- 문으로 가는 길을 지도로 그린다.
- 장애물을 파악하고 피한다.
- 잠금장치와 문손잡이를 잡고 움직인다.
- 문을 열면서 뒤로 물러난다.
- 문 앞에 있는 사람이 친구인지 성가신 방문 판매원인지 확인한다.
- 방문 판매원은 막고 친구만 들어오게 한다.
- 문가에 있는 친구가 모두 들어왔는지 판단한다.
- 친구들이 모두 들어온 후에 문을 닫고 잠근다.

이 단계들은 훨씬 더 세부적이어야 한다. 문손잡이를 돌리려면 로봇은 다음 단계를 수행해야 한다.

- 문손잡이를 식별하다.
- 손의 방향을 손잡이에 맞춘다.
- 손잡이를 망가뜨리지 않고 돌릴 수 있을 정도의 압력으로 손잡이를 잡는다.
- 적당한 정도로 손잡이를 돌린다.
- 돌린 상태에서 문을 잡아당겨 연다.

딩 학습 앱이 코드보다 컴퓨팅 사고를 강조한다. 코두 게임 랩^{Kodu} Game Lab* 으로 장애물을 넘거나 포인트를 획득하는 게임을 만들면 키보드조차 필요 없다. 키보드 대신에 쓰는 드래그 앤드 드롭** 인 터페이스는 세부적인 프로그래밍 언어보다 논리적인 사고를 더 중시한다.

소프트웨어 개발에 참여하는 사람들

질 좋은 소프트웨어를 만들려면 다양한 종류의 기술을 가진 사람 들로 구성된 팀이 필요하다. 팀의 구성원이면서 코드를 한 줄도 쓰지 않는 사람도 다수 포함된다.

시스템 관리자, 네트워크 엔지니어: 이들은 개발자가 작업에 필 요한 소프트웨어와 컴퓨터 설정을 할 수 있도록 해 준다. 시스템 관리자는 소프트웨어를 설치하고 업데이트하며, 이메일 시스템 을 관리하고, 중요한 데이터를 백업한다. 네트워크 엔지니어는 컴퓨터 간에 정보가 빠르고 안정적으로 흐르도록 시스템을 구성 한다. 네트워크 장애 해결, 해커들이 시스템에 침입하지 못하도 록 방화벽을 설치하기도 한다.

프로그램 매니저: 관련 프로젝트 여러 개를 조정함으로써 회

---

* **코두 게임 랩**: 마이크로소프트가 만든 XBOX용 게임 개발 도구.
** **드래그 앤드 드롭**: 마우스로 아이콘을 다른 아이콘 위에 포개는 조작 개념으로, 대상 사이에 다양한 연 결을 만들 수 있다.

소프트웨어의 유형

컴퓨터, 태블릿, 스마트폰, 게임 콘솔, 전자 기기에 지시를 내리고 명령하는 모든 프로그램이 소프트웨어다. 소프트웨어는 주로 세 가지 유형으로 구분된다.

• OS: 모든 컴퓨터는 정보를 저장하고, 입력을 받아들이고, 정보를 표시하는 등의 기본적인 기능을 관리하는 OS가 필요하다. 각 장치들은 서로 다른 OS를 필요로 한다. PC는 대부분 윈도OS로 실행되지만, 매킨토시(Machintosh)는 맥OS로 실행된다. 웹사이트와 온라인 프로그램을 다루는 웹 서버는 일반적으로 리눅스OS로 실행된다. iOS로 실행되는 애플의 아이폰을 제외하고, 거의 모든 스마트폰은 구글의 안드로이드OS로 실행된다.

• 애플리케이션: PC, 스마트폰, 웹사이트에서 실행되는 모든 종류의 소프트웨어가 '앱 또는 프로그램'이라고 불리는 애플리케이션이다. 비디오 게임, 워드 프로세서, 인스타그램, 스냅챗 등은 모두 애플리케이션이다. 우주 탐사선의 비행을 유도하고 공장 조립 라인 로봇을 제어하는 프로그램도 마찬가지다.

• 펌웨어: 펌왜어(firmware) 또는 내장형 소프트웨어는 DVD 플레이어, 세탁기, 말하는 장난감, 피트니스 트랙커(Fitness Tracker) 같은 스마트 기기를 제어한다. 전자레인지로 팝콘을 튀길 때, 전자레인지의 펌웨어가 증기 모니터링 센서의 데이터를 사용해 전원을 언제 끌지 결정한다. 펌웨어가 없다면 디지털 카메라는 초점을 맞추지 못하고, 신호등은 빨간불에서 바뀌지 않으며, 엘리베이터는 움직이지 않을 것이다.

사의 전체 개발 방향을 주도한다. 예를 들어, 회사가 새로운 애니메이션 소프트웨어를 설계하고 그 소프트웨어를 사용해 비디오게임 여러 개를 만들 계획이라면 이 프로젝트를 완성하기까지 몇 년이 걸릴 수 있다. 회사는 목표를 달성하기 위해 캐릭터 제작부터 마케팅 계획까지 여러 부문에서 일하는 팀이 필요하다. 프로그램 매니저는 팀을 조직하고, 예산 결정을 내리고, 장기적인 목표를 설정하는 등 전체 프로젝트가 문제없이 진행되도록 조율하는 임무를 맡는다.

프로젝트 관리자: 프로젝트 관리자는 장기적인 목표를 세부적인 업무 목록으로 바꾼다. 업무 할당, 진척 상황 점검, 지출 통제 등 임무를 완수하는 데 필요한 시간을 예측한다. 불가피한 문제가 생길 경우, 마감일을 조정하거나 업무를 다른 팀으로 분산하기도 한다. 모든 참여 인원을 간트 차트Gantt charts*나 색상으로 구분된 정교한 작업별 시간표로 체계화한다. 프로젝트 관리자는 컴퓨터 과학을 전공한 사람도 있지만, 대부분 업계에서 경험이 풍부한 사람이 맡는다.

사업 분석가: 프로그램을 만드는 개발자와 프로그램을 잘 모르는 고객 사이의 의사 소통을 맡는다. 예를 들어, 태양광 장비업체가 집주인이 자기 집 옥상에 있는 태양 전지판이 하루에 에너지를 얼마나 만드는지 볼 수 있는 앱을 의뢰했다고 하자. 이 업체

---

* **간트 차트**: 목표를 달성하기 위해 사람, 자원, 시간 사용에 관한 계획을 수립하는 기법.

는 소프트웨어가 무엇을 처리해야 할지 알고 있지만, 소프트웨어를 어떻게 만드는지는 모른다. 이때 사업 분석가가 업체의 요구를 상세히 기록해 개발자에게 명확한 명세서로 전달하면, 개발자는 업체가 원하는 앱을 만든다.

품질 보증 전문가: 프로그램이 제대로 작동하지 않게 만드는 버그를 찾는다. 생각할 수 있는 모든 경우의 실수와 잘못된 결정을 시도하면서 소프트웨어가 고장 난 원인을 찾는다. 품질 보증 전문가의 노력 덕택에 사용자는 프로그램을 마음 놓고 사용한다.

UX 및 UI 디자이너: 이들은 소프트웨어를 재미있고 쉽게 사용할 수 있도록 만든다. 사용자 경험UX 디자이너는 작업을 수행하는 방법을 명확히 함으로써 사용자와 컴퓨터의 상호 작용을 단순화한다. 온라인 게임의 등록 절차를 설계하는 것부터 드롭다운 메뉴*에서 정보를 쉽게 찾는 것까지 모든 것이 포함된다. UX 디자이너는 사용자 자신으로부터 사용자를 보호해 주기도 한다. 사용자에게 "네, 파일을 영구적으로 삭제합니다."라는 단계를 추가적으로 클릭하게 함으로써 사용자가 실수로 파일을 지우는 것을 방지해 준다.

사용자 인터페이스UI 디자이너는 사용자의 눈에 보이는 프로그램에 초점을 맞춰 일관된 모양과 느낌의 멋진 화면을 만들어

***드롭다운 메뉴:** 컴퓨터 프로그램에서 주 메뉴를 클릭하면 포함된 하위 메뉴가 아래로 나란히 펼쳐지는 표시 방식.

낸다. 사용자가 클릭하는 버튼 같은 대화형 요소를 설계하고, 그러한 요소의 크기, 색상 및 적절한 배치를 통해 사용자의 주의를 끌고, 행동을 안내한다. UX와 UI 디자이너는 심리학, 컴퓨터 과학, 시각 디자인을 공부한 사람이 많다.

그래픽 디자이너: 이미지와 아이콘을 만들고, 색상을 선택하고, 페이지 레이아웃을 디자인한다. 종종 UX 및 UI 디자이너의 작업과 겹치기에 프로젝트에 따라 같은 사람이 두 역할을 모두 맡는 경우도 있다. 그래픽 디자이너의 작업에 따라 앱이 진지해 보이는지, 우아하게 보이는지, 발랄하게 보이는지, 재미있게 보이는지 등이 결정된다.

기술 작가·트레이너 및 기술 지원 담당자: 소프트웨어 개발자와 소프트웨어 사용자 사이의 격차를 줄이는 역할을 한다. 기술 작가는 사용 설명서, 도움말, 자주 묻는 질문 페이지 등을 만든다. 기술 트레이너는 사용자가 프로그램 및 앱의 전문가가 되도록 돕는다. 온라인 튜토리얼*을 만드는 트레이너도 있고, 전국을 다니며 컨설턴트로 일하는 트레이너도 있다. 기술 작가와 트레이너는 대개 프로그래밍을 공부한 사람이 아니다. 사교성과 의사소통 능력이 더 중요하기 때문이다. 컴퓨터 과학을 전공한 트레이너는 개발자와 함께 일하며, 개발자에게 프로그래밍 언어나 소프트웨어 개발 도구를 최대한 활용하는 방법을 가르치기도 한다.

---

*튜토리얼: 소프트웨어나 하드웨어를 쓰는 데 필요한 사용 지침 따위를 알려 주는 시스템.

비디오 게임 산업

게임은 엄청난 규모의 산업이다. 소비자들은 2017년 한 해에만 43조 6000억 원을 게임과 하드웨어에 쏟아 부었다. 게임 산업에 엄청난 돈이 몰리면서 게임 회사들은 대규모로 인력을 고용할 수 있었다. 2018년, 에픽게임즈 회사는 '포트나이트(Fortnite)' 개발에 무려 700여 명의 인원을 고용했다. 인피니티 워드 회사가 개발한 '콜 오브 듀티: 월드워 2(Call of Duty: WWII)'에는 얼마나 많은 사람이 개발에 참여했는지, 크레딧 타이틀에서 개발자 목록이 끝나는 데 8분이나 걸린다.

비디오 게임의 바탕에 깔린 코드를 작성하는 개발자를 '게임 엔지니어'라고 부른다. 규모가 큰 팀에는 전문 분야별로 게임 엔지니어가 있다. AI 프로그래머는 진짜 같은 컴퓨터 제어 캐릭터를 만든다. 물리학 전문 프로그래머는 캐릭터가 떨어지거나 충돌하거나, 연기가 뿜어져 나오는 장면을 코딩한다. 레벨 에디터는 다른 사람이 만든 코드, 미술, 소리 등을 게임에 맞도록 특별한 수준으로 편집한다. UI 디자이너는 플레이어가 게임 세계를 탐험할 수 있도록 지도, 다양한 화면, 상태 표시기 등을 설계한다. 네트워크 프로그래머는 수천 명의 사람이 온라인으로 함께 게임을 즐길 수 있도록 코드를 작성한다.

기술을 갖춘 개발자들은 게임 엔진을 개발하기도 한다. 게임 엔진이란 다른 개발자들이 NPC*를 제어하고 충돌을 처리하며 음향 효과를 추가하기 위해 사용하는 소프트웨어를 말한다. 이들은 또 아티스트가 게임 속 물체에 빛, 그림자, 질감 등을 넣을 수 있도록 애니메이션 소프트웨어를 만들기도 한다.

게임 설계 스튜디오도 코딩을 직접 쓰지 않지만 중요하다. 팀을 감독하고, 예산을 관리하는 등 제작의 모든 측면을 맡기 때문이다. 총괄 제작 감독은 게임 세계를 현실처럼 만드는 작가, 아티스트, 오디오 엔지니어, 음악가를 전부 관리한다. 품질보증팀이 코드의 결함을 찾아내는 일도 비디오 게임이 성공하려면 중요하다.

---

*NPC: 사용자가 직접 조종할 수 없는 캐릭터.

기술 지원 담당자는 사용자가 헤맬 때 전화, 이메일, 온라인 대화를 통해 사용자가 소프트웨어를 이해하도록 돕는다. 이 일을 하려면 인내심과 뛰어난 문제 해결 능력이 필요하다. 소프트웨

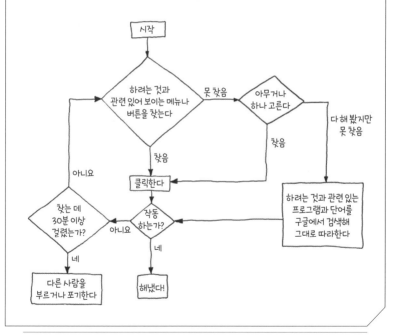

기술 지원 다이어그램

세상의 엄마, 아빠, 할머니, 할아버지, 부장님, 그 밖에 '컴퓨터 문외한' 들께 올리는 글. 모든 프로그램에서 다 적용되는 마술 같은 방법을 알지는 못합니다. 다만 여러분을 돕기 위해 아래의 방법을 추천합니다.

XKCD 만화(미국 항공우주국 출신의 랜들 먼로가 그린 과학적 요소가 가미된 웹 만화)가 기술 지원 과정을 재미있게 설명하고 있다.

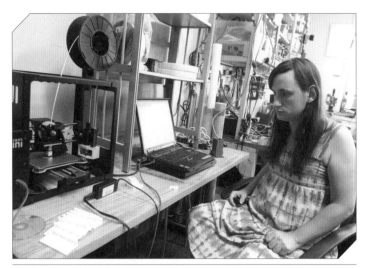

워싱턴D.C에 있는 해커스페이스(HacDC)의 한 회원이 3D 컴퓨터를 사용 중이다. 해커스페이스 (hackerspace) 또는 핵랩(hacklabs)은 지역 사회에서 개발자나 컴퓨터, 기술, 과학, 디지털 예술 작가들 이 작업에 대해 의견을 나누고 협업하는 비영리 공간이다.

어 자체에 문제가 있을 수도 있고, 사용하는 사람에게 문제가 있을 수도 있기 때문이다. 사용자들이 소프트웨어가 할 수 없는 일을 하려고 했거나, 중요한 단계를 빼먹었거나, 컴퓨터 작업에 당황했을 수도 있다. 기술지원팀에서는 소프트웨어가 아닌 사용자에 의한 문제를 '문제는 컴퓨터가 아니라 사용자에게 있다Problem In Chair, Not In Computer'는 의미로 'PICNIC'이라고 부르기도 한다. 컴퓨터 재부팅처럼 해결책이 간단할 때도 있지만, 개발자가 다음 업데이트에서 해결해야 할 버그를 발견할 때도 있다.

　지금까지 설명한 내용은 소프트웨어 개발과 관련된 일의 일부에 불과하다. 오늘날 소프트웨어가 매우 널리 보급되었기 때문에 일자리 대부분이 소프트웨어 개발과 관련 있을 수 있다. 변호사는 개발자의 지적 재산을 보호하도록 도울 수 있으며, 정책 입안자는 온라인에서 개인 정보 침해를 규제할 수 있다. 개인의 관심사가 무엇이든, 소프트웨어 개발의 세계에서 자신의 일자리를 찾을 수 있는 것이다.

기술을 넘어 세상을 바꾼다

어떤 사람은 새로운 것을 만드는 창조적인 도전과 스릴을 좋아해서 개발자의 길을 걷는다. 기술이 빠르게 변화하기 때문에 이 일은 결코 시들지 않을 것이다. 개발자 앞에는 언제나 탐구해야 할 새로운 도구와 배워야 할 새로운 기술이 있기 때문이다. 반면 어떤 사람은 급여가 높고, 일자리가 안정적이라 소프트웨어 개발자의 길을 선택한다.

이러한 직업은 수요가 많기 때문에 전국 어디서나 일자리 찾기가 쉽다. 소프트웨어 개발 직업에는 유연한 일정, 워라밸work-life balance*, 자유로운 복장, 재택근무 같은 이점도 있다. 또 취미와 관련된 분야에서 일할 수도 있다. 다 커서 우주 비행사나 e-스포츠 스타가 되는 경우가 많지는 않지만, 적어도 미국 항공우주국

---

* **워라밸**: 일과 개인의 삶의 균형.

^{NASA}을 위해 코드를 작성하거나 비디오 게임을 만드는 프로그래머는 얼마든지 될 수 있다.

꽤 많은 개발자가 처음부터 프로그래머가 될 생각은 아니었다. 처음에는 안전한 공동체를 만들거나 학교를 개선하려고 시도하다가 소프트웨어가 더 나은 세상을 만들기 위해 필요한 도구라는 것을 발견했을 뿐이다. 스탠퍼드대학교가 설립한 '코드 더 체인지Code the Change'는 컴퓨터 과학과 학생들과 비영리 단체를 연결해 사회 문제를 해결한다. 이 단체의 설립자들은 대부분의 사회 변화 조직에서 더 많은 기술적 자원이 필요하다는 걸 깨달았지만, 이를 채워 줄 컴퓨터 과학을 공부한 학생 활동가는 거의 없었다. 전국의 코드 더 체인지 단체들은 지난 몇 년 동안, 과테말라에서 어린이 영양실조를 조사하고, 우간다의 농작물 질병을 추적하는 앱을 만들었다. 또 현장에서 수색 구조 데이터를 기록하고, 가정 폭력 피해자를 피난처로 연결해 주고, 야간에 귀가하는 학생의 안전을 지키는 앱도 개발했다.

최신 기술에 뛰어드는 것을 좋아하든, 동물 보호소를 지원하는 것을 좋아하든, 소프트웨어 개발 일은 자신의 열정을 따르면서 보람 있는 삶을 살 수 있도록 해 줄 것이다.

2장

아이디어를
프로그램으로!

19 88년 소련*은 화성의 궤도를 도는 불규칙한 모양의 위
성 포보스를 탐사하기 위해 탐사선 포보스 1호와 포보
스 2호를 발사했다. 그런데 모스크바와 예프파토리야에 있는 두
우주 센터가 발사 전에 이 임무의 통제권을 누가 가져갈지를 두
고 논쟁을 벌였다. 결국 모스크바 센터가 통제권을 갖게 됐고, 예
프파토리야 센터는 모스크바 센터에서 만든 코드에 이상이 없는
지 확인하는 데 만족해야 했다.

발사된 포보스 1호가 목적지에 가까워지자, 모스크바 센터
는 탐사선의 장비 일부를 켜는 명령을 내리려고 했다. 그때 예프
파토리야 센터의 검사 시스템이 다운됐고, 모스크바 센터는 테스
트 과정을 건너뛰어 버렸다. 불행히도 모스크바가 만든 코드에는
하이픈이 하나 빠져 있었다. 이 실수 때문에 명령이 엉뚱하게 변

---

*소련: 옛 제정 러시아와 주변 15개 공화국으로 이뤄진 연방 공화국으로 1991년 해체되었다.

경되어 추진 엔진을 멈추는 조종 테스트 프로그램이 작동했다. 결국 포보스 1호가 궤도를 완전히 이탈해 버리는 사고가 발생했다.

이런 엄청난 실패는 부주의한 코더 한 사람의 실수처럼 보였지만, 실제로는 소프트웨어 개발 과정 전체에 문제가 있었다. 개발자들은 두 가지 실수를 저질렀다. 첫째, 코드를 만들 때 오자 하나가 임무를 망치지 않도록 안전장치를 만들어야 했다. 둘째, 필요 없는 코드는 발사 전에 모두 지워야 했다. 개발자들은 조종 테스트 프로그램을 읽기 전용 메모리에 저장했고, 그 때문에 테스트 프로그램을 삭제하는 일이 탐사선 컴퓨터 전체를 바꾸는 것이나 다름없었다. 그래서 개발자들은 시간을 절약하기 위해 소프트웨어만 수정했다. 그러면 테스트 코드로 접근이 차단될 거라는 (완전히 잘못된) 생각을 한 것이다.

뒤이어 발사된 포보스 2호는 예방 소프트웨어가 문제였다. 대부분의 우주 탐사선에는 비상사태에 대처하기 위한 자동 안전 코드가 있어야 한다. 그러나 시간에 쫓긴 개발팀은 보호 코드 없이 포보스 2호를 발사했다. 그래서 포보스 2호의 태양 전지판을 태양 쪽으로 돌리지 못하는 상황이 생겼을 때, 관제 센터에서 문제를 해결하기도 전에 탐사선의 배터리가 방전되어 버렸다. 시간과 비용을 조금 줄이느라 소프트웨어 개발의 원칙을 무시했기 때문에 결국 임무는 실패로 끝났다.

개발에는 시간이 필요하다

우주 임무만큼 중요한 소프트웨어 개발 프로젝트는 그리 많지 않지만, 그보다 덜 중요한 프로젝트라도 대부분 복잡하고 시간이 걸리며 비용도 많이 든다. 소프트웨어를 만드는 건 매일 옷감을 짜는 것과 같다. 처음에 잘못 만든 나쁜 코드 하나가 개발하는 과정 내내 나쁜 영향을 미칠 수 있다. 심장 박동기나 인슐린 펌프같이 생명을 유지하는 의료 기기의 고장도 소프트웨어가 주요 원인이다. 자동차 리콜*의 15% 이상이 소프트웨어와 관련 있으며, 리콜 하나하나에는 수십억 원이 든다. 게다가 오늘날 세계는 인터넷으로 밀접하게 연결되어, 한 프로그램에서 생긴 작은 버그가 연쇄적으로 문제를 만들 수 있다. 2003년에 미국 오하이오주에서 고전압 전력선 몇 개가 단선됐을 때, 전력망의 균형을 감시하는 소프트웨어가 경보를 울리지 못하는 일이 생겼다. 이로 인해 캐나다 8개 주와 일부 지역에 정전 사태가 발생하면서 5000만 명이 전기 없이 지내야 했고, 약 6조 7000억 원의 손실이 발생하는 대형 사고가 벌어졌다.

　이런 사고를 예방하기 위해, 개발자들은 소프트웨어를 만들 때 여섯 단계에 걸쳐 올바른 결정을 내려야 한다. 그런데 여섯 단계 중 메인 프로그램을 만드는 것과 실제로 관련 있는 건 한 단계 뿐이다. 나머지 다섯 단계는 코드를 계획하고 테스트하고 유지하

---

*리콜: 상품에 결함이 있을 때 그 상품을 만든 기업에서 상품을 회수해 교환, 수리해 주는 제도.

는 데에 초점을 맞춘다. 회계 소프트웨어를 만들든, 가상 현실 게임을 만들든, 개발팀은 필요한 자료를 수집하고 프로그램을 설계하는 것부터 시작해 코딩을 만들고, 그 후에는 테스트·배치·유지 관리에 초점을 맞춘다.

필요한 요건을 먼저 수집한다

사용자가 목적지로 가는 최상의 경로를 계산해 주는 내비게이션 소프트웨어를 만든다고 생각해 보자. 여기서 '최상'이라는 것은 '가장 빠르고, 짧고, 따라서 자동차 연료를 많이 쓰지 않으면서 안전한 경로'를 뜻한다. 이에 대한 세부 자료 없이, 바로 코드를 만든다면 좋은 프로그램이 나올 수 없다.

처음부터 잘못된 방향으로 출발하면 시간과 돈을 낭비하는 것이나 다름없다. 그래서 소프트웨어 개발은 두 가지 유형의 요건을 설정해 놓고 시작한다. 하나는 기능적 요건으로, 앱이 기본적으로 수행해야 할 일에 관한 것이다. 또 하나는 비기능적 요건으로, 프로그램이 할 일을 얼마나 잘 수행하는지에 관한 것이다. 그러니까 프로그램이 얼마나 빠르고 믿을 수 있으며 안전한지, 한꺼번에 얼마나 많은 사용자를 처리할 수 있는지 등을 본다.

그래서 프로그래머보다 사업 분석가가 먼저 고객과 접촉한다. 사업 분석가는 개발자가 아닌 사람도 이해할 수 있는 언어로,

소프트웨어에 반영해야 할 요건을 담은 자세한 설명서를 만든다. 이러한 요건(혹은 사양)은 수백 페이지가 넘는 경우가 많다. 지도 앱이라면, 다음과 같은 질문에 대한 답이 설명서에 있어야 한다.

- **내비게이션 앱을 쓰는 사람이 누구인가?** 물건을 배달하는 운전자라면 경로를 나타내는 지도에 50군데 이상 들를 곳을 표시해야 한다. 일반 운전자라면 회사에서 새로 생긴 식당까지 가는 길을 알고 싶을 것이다.
- **앱에 필요한 기능이 무엇인가?** 톨게이트를 표시해 주는가? 현재의 교통 상황을 고려하는가? 배달 트럭이 가기에 좁은 길은 경로 안내에서 제외하는가? 음성 안내가 지원되는가?
- **앱이 운영되는 기기는?** 윈도 컴퓨터, 스마트폰, 회사가 쓰는 자체 내비게이터인가? 아니면 세 가지 모두에서 작동되어야 하는가?
- **데이터 소스가 무엇인가?** 지도가 인공위성을 통해서도 다운로드 되거나 접속되어야 하는가? 교통 상황이나 공사로 인한 도로 폐쇄 등의 정보를 실시간으로 제공해야 하는가?
- **프로그램에 적용될 사용자 인터페이스는?** 터치스크린인가? 아니면 음성 인식으로 작동하는가?
- **이외에 성능은 어느 정도여야 하는가?** 소프트웨어가 경로를 계산하는 데 20초 걸리는가? 아니면 2초 만에 끝나는가?

수백 페이지의 요구 사항을 외우는 사람은 없다. 그래서 사업 분석가는 프로그램 행동과 요구 사항을 시각적으로 표현한 도표인 통합 모델링 언어^{UML, Unified Modeling Language} 활동도를 만든다. UML 활동도는 중요한 소프트웨어 입력, 작업, 의사 결정 지점, 결과물을 간략하게 요약한 것이다. 가장 빠르고 짧은 경로를 계산할 수 있는 내비게이션 프로그램의 UML 활동도는 아래와 같다.

프로그램 일부에서 개발자가 예상한 것보다 코드 작성에 어

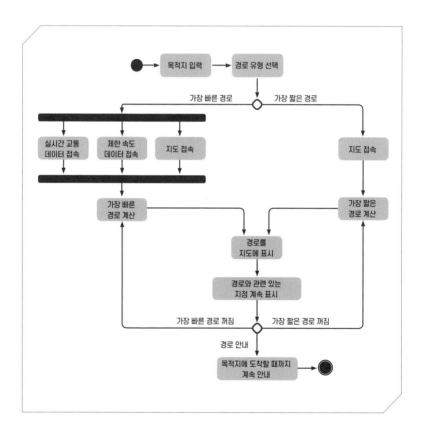

려운 상황이 생기면, 소프트웨어 개발 프로젝트의 예산을 초과하거나 당초 일정보다 늦어지는 경우가 많다. 따라서 프로젝트 관리자는 개발자들이 작업에 들어가기 전에 반드시 필수 요소를 구축할 수 있도록, 발생 가능한 문제들에 대한 계획을 세운다. 요구사항의 우선순위를 정하기 위해, 프로젝트 관리자는 일반적으로 MoSCoW 방법을 사용한다. MoSCoW는 필수 기능must have, 기본 기능should have, 추가될 수 있는 기능could have, 있으면 좋은 기능want(또는 현실적으로 현재는 필요 없는 기능)의 머리글자를 딴 말이다. 내비게이션 프로그램을 만들기 위한 MoSCoW 목록에는 다음과 같이 기능의 우선순위를 정할 수 있다.

- **Must**: 가장 짧은 경로를 찾고, 지도를 업데이트하고, 터치 스크린 컨트롤을 사용하는 기능
- **Should**: 가장 짧은 경로 또는 가장 빠른 경로를 선택하고, 중간에 들를 여러 지점을 표시하는 기능
- **Could**: 음성 인식, 실시간 교통 상황 모니터링 기능
- **Want**: 지도 색상 변경, 음성 안내 목소리 변경 기능

프로그램도 설계도가 필요하다

고객이 요구하는 소프트웨어 요건은 개발자에게 무엇을 구축해

야 하는지 말하지만, 구축하는 방법까지 가르쳐 주지는 않는다. 개발자에게 요건을 제시하는 것은 마치 건축업자에게 침실 3개, 욕실 2개짜리 집을 특정 부지에 지어 달라고 말하는 것과 비슷하다. 하지만 그런 요건을 충족하는 집을 짓는 방법은 여러 가지다. 철골 구조를 어디에 세우고, 전선은 어디로 설치할지를 알려 주는 세부 설계도가 없다면 건축업자는 일을 시작할 수 없다.

소프트웨어 개발도 마찬가지다. 개발팀은 고객의 요구 사항을 별도의 코드 다발로 해석하고, 그런 코드 다발을 어떻게 연결해야 하는지를 설명하는 설계도가 필요하다. 구글의 한 개발자는

연습 활동

새로운 SNS 앱을 만든다면?

새로운 소셜 미디어(SNS) 앱을 위한 MoSCoW 목록을 만든다고 가정해 보자. 필수 기능, 기본 기능, 추가될 수 있는 기능, 있으면 좋은 기능을 어떻게 분류해야 할까? 앱이 실행되는 기기 유형부터 사용자가 친구를 찾고 콘텐츠를 공유하는 방법까지 모든 것을 고려해야 한다.

SNS 앱의 MoSCoW 실제 목록은 상당히 길지만 그중 몇 가지는 다음과 같다.

- Must: 모든 종류의 스마트폰에서 작동하고, 사진과 텍스트를 게시할 수 있다. 친구 찾기/팔로잉 시스템이 있고, 그 밖에 차단 기능, 이익을 창출하기 위해 광고 노출 기능 등이 있다.
- Should: 공개 및 비공개 계정으로 설정이 가능하다. 데스크톱 컴퓨터에서도 작동하며, 팔로워가 게시물에 댓글을 달 수 있다.
- Could: 이모티콘과 DM을 보낼 수 있다.
- Want: 사진 편집 기능이 있고, 사용자가 동영상을 게시할 수 있다.

"최고의 프로그래밍은 종이에서 이뤄져요. 그것을 컴퓨터에 집어 넣는 건 사소한 세부 사항일 뿐이죠."라고 말했다.

건축 설계자가 건축업자에게 설계도를 만들어 주는 것처럼, 소프트웨어 설계자도 개발자에게 코딩 설계도를 만들어 준다. 이러한 설계도를 만드는 건 고단계 설계에서 시작된다. 고단계 설계에는 아래에 대한 전체적인 결정이 들어 있다.

- 프로그래밍 언어와 코딩 도구
- 다른 프로그램이나 외부 데이터 소스와의 연결
- 보고서, 데이터 파일, 화면, 문자 메시지 등과 같은 프로그램 결과물
- 로그인 절차와 데이터 암호화 전략 등 보안 계획
- 앱이 사용자의 기기에서만 작동해야 하는지 또는 서버에서도 일부 작동해야 하는지 여부
- 사용자가 필요로 하는 양식이나 메뉴 등 사용자가 지정하는 옵션
- 데이터가 프로그램을 통해 흘러가면서 발생하는 이벤트의 순서
- 데이터베이스 구조, 내용 및 위치
- 프로그램 구조

프로그램 코드의 구조는 프로그래밍 언어에 따라 달라진다. 자바로 작성된 내비게이션 프로그램에는 GPS, 지도, 라우터 router(경로 지정기) 같은 클래스가 있는데, 각 클래스는 다음 표와

같이 특정한 임무를 맡는다. 예를 들어, 라우터 클래스는 가장 짧고 가장 빠른 경로를 계산하는 역할을 한다.

GPS	지도	라우터
위도 확인, 경도 확인	현재 위치 표시, 경로 표시	가장 짧은 경로 계산, 가장 빠른 경로 계산

저단계 설계는 고단계 설계에 세부 내용이 추가된다. 개발자에게 코드를 작성하는 방법에 대해 구체적인 정보를 제공한다. 예를 들어, 내비게이션 프로그램에서 저단계 설계는 라우터 클래스가 GPS 클래스로부터 사용자의 현재 위치에 대한 정보를 어떻게 얻는지 설명해 준다. 또 소프트웨어가 거리, 제한 속도, 교통 상황 데이터를 결합해 가장 빠른 경로를 찾는 방법도 정확하게 설명해 준다.

좋은 코딩에는 원칙이 있다

프로그램 설계가 명확하게 세워져야 개발자는 코딩을 시작할 수 있다. 그러나 설계의 세부 사항과 관계없이, 좋은 코드는 다음과 같은 기본 원칙을 따라야 한다.

가능한 짧게 쓰기: 프로그램은 대개 동일한 작업을 반복해서 수행한다. 개발자들은 코드를 복사해서 붙여 넣는 방식으로 반

복 작업을 처리한다. 그러나 그런 방식은 업데이트할 때마다 여러 곳을 변경해야 하기 때문에 시간을 낭비하고 실수를 초래한다. 그래서 개발자들은 '반복하지 않는다don't repeat yourself'는 DRY 원칙을 따른다. 반복적인 코드를 작성하는 대신, 특정 작업을 수행하는 미니 프로그램 같은 함수를 만드는 것이다. 그러면 코드를 반복하지 않고도 필요할 때마다 그 함수를 호출하면 된다. 개발자들 사이에서는 반복적인 코드를 두고, '모든 것을 두 번 쓴다write everything twice' 또는 '모든 사람의 시간을 낭비한다waste everyone's time'는 의미로 'WET'이라고 부른다.

읽을 수 있게 만들기: 전문 개발자인 마틴 파울러Martin Fowle는 이렇게 말했다. "어떤 바보라도 컴퓨터가 이해할 수 있는 코드를 쓸 수 있어요. 진짜 중요한 건 인간이 이해할 수 있는 코드를 쓰는 것이죠." 개발자들은 각 부문의 목적을 문서화하고, 관련된 요소는 한데 모으며, 코드 배치의 규약을 따르고, 함수와 변수에 명확한 이름을 사용함으로써 코드를 읽을 수 있는 상태로 유지한다. 함수에 '위찾'이라고 이름 붙이면 무슨 말인지 알 수 없지만, '위도_찾기'라고 붙이면 목적을 분명히 알 수 있다.

코드를 잘 정리해 놓으려면 철저한 작업이 필요하다. 마지막에 바뀐 사항, 여럿이 나누어 한 작업, 버그를 다루는 해결책 등으로 코딩이 완성될수록 복잡해질 수밖에 없다. 개발자들은 체계적이지 못하고 뒤죽박죽된 코드를 '진흙 코드' 또는 '스파게티 코

휴가를 설계해 보자

요구 사항을 저단계 설계로 변환하는 개념은 코딩뿐 아니라 모든 프로젝트에 적용된다. 가장 이상적인 휴가를 설계해 보자. 기본적인 요구 사항부터, 계획을 세우고 실제로 여행을 떠나는 데 필요한 모든 요소를 다루는 세부적인 저단계 계획까지 담아야 한다.

기본 요건은 빚을 내지 않고, 가족과 함께 플로리다 해변에서 봄 방학을 보내는 것이다.

장소

- 인기 있는 해변을 조사한다.
- 장소를 선택한다.
- 여행 일자
- 학교 방학 기간을 확인한다.
- 여행 일자를 결정한다.

숙박

- 해변 근처 숙소의 비용을 확인한다.
- 가장 저렴한 방을 예약한다.

교통편

- 비행기, 버스, 차를 직접 몰고 가는 경우 등 가격을 비교한다.
- 적절한 비용과 편의성을 고려해 교통편을 결정한다.
- 필요한 승차권을 구입한다.

휴가지에서 할 일

- 테마파크, 스노클링, 수영, 쇼핑 등을 선택한다.

예산

- 여행, 숙박, 휴가지 활동 등에 대한 비용을 계산한다.
- 여행 6개월 전부터 매주 저축해야 할 금액을 결정한다.
- 그 금액만큼 매주 떼어 놓는다.

준비물

- 갈아 입을 옷
- 세면도구
- 수영복
- 슬리퍼

대부분의 요소는 더 세분화할 수 있다. 예를 들어, 테마파크에 가는 계획에는 도착 및 출발 시간, 탑승 순서, 점심 계획, 기념품 구입 등을 포함할 수 있다.

드'라고 부른다. 스파게티 코드에서 오류를 찾아내는 일은 개발자를 비참하게 만든다. 코드 조각이 어떻게 연결되는지 알아내는데 너무 많은 시간을 써야 하기 때문이다. 개발자 스티브 맥코넬 Steve McConnell은 "살인 사건을 파헤치는 건 괜찮지만, 코드를 파헤칠 필요는 없죠."라고 말할 정도로 지저분한 코드를 싫어했다.

모듈 만들기: 좋은 개발자는 수백만 줄에 달하는 괴물 문서를 만들지 않는다. 대신에 프로그램을 '모듈modules'이라는 독립된 덩어리로 나눈다. 모듈은 개발자가 커다란 건물 전체를 만들기 위해 조립하는 빌딩 블록과 같다. 이 접근법을 사용하면, 여러 사람이 동시에 프로젝트에 참여할 수 있다. 나중에 해당 모듈만 변경하면 되기 때문에 업데이트하기도 쉽다.

항상 저장하기: 개발자는 종종 기능을 추가하거나 문제를 해결하기 위해 코드의 일부를 다시 작업한다. 이 경우, 완벽하게 작동하는 모듈이 가끔 프로그램의 다른 부분에 업데이트된 후 작동하지 않을 때가 있다. 개발자는 오류에 대비해 테스트하지 않은 코드를 완성된 코드와 따로 보관하고, 작성한 모든 버전의 코드를 저장한다. 어떤 업데이트로 문제가 발생할 경우, 제대로 작동한 마지막 버전으로 되돌리면 되기 때문이다. 이 모든 업데이트를 관리하기 위해, 개발자들은 '버전 관리 소프트웨어'를 사용한다. 실수로 다른 사람의 작업을 덮어쓰거나 오래된 버전에 의존하지 않도록 하는 것이다.

테스트 없이 프로그램도 없다

개발자들 사이에 이런 말이 있다. "우리는 빠른 소프트웨어, 싼 소프트웨어, 좋은 소프트웨어를 모두 만들 수 있지만, 그중 두 가지만 골라 작업할 수 있다." 소프트웨어가 이 세 가지를 동시에 갖출 수 없는 이유는 버그 때문이다. 보통 스마트폰 앱에는 50만 줄의 코드가 들어 있다. 페이스북 같은 프로그램은 코드가 6000만 줄을 넘는다. 컴퓨터에 로그인 창을 띄우는 데만 각기 다른 웹 브라우저 73개를 불러내야 하고, 메가바이트의 데이터를 전송해야 한다. 일이 잘못될 수 있는 경우가 너무 많아서, 최고의 개발자라도 버그를 만들 수 있다.

버그는 흔히 발생하지만 큰 사건을 초래할 수 있다. 2008년 런던의 히스로 공항은 수하물을 컴퓨터로 처리하는 최첨단 터미널을 열었다. 매일 가방 7만 개를 소화할 수 있도록 설계된 시스템은 탑승 수속대 132개와 환승 라인 12개에 배치됐고, 늦게 도착한 가방을 고속으로 추적하는 기능도 갖췄다. 그러나 개장 첫날, 수화물 담당자들이 컨베이어 벨트에서 트렁크를 끌어내 승객에게 필수 품목을 되돌려 주는 일상적인 작업을 하느라, 여러 차례 시스템 충돌이 발생했다. 결국 소프트웨어가 수하물 담당자의 로그인을 거부했고, 비행기 출발 공지를 잘못 처리했다. 승객들은 혼란에 빠진 직원들이 자신의 트렁크를 탑승 대기 중인 비행기가 아닌 엉뚱한 곳에 가져다 놓는 것을 지켜봐야 했다. 처음 10

일 동안 소프트웨어 결함으로 수만 개의 트렁크가 발이 묶였고, 공항은 500편이 넘는 항공편을 취소했다. 실제 운영하기 전에 1만 2000개의 가방으로 테스트를 했기 때문에 소프트웨어가 문제없이 작동하리라 생각했지만, 그 소프트웨어는 확실히 더 집중적인 테스트가 필요했다.

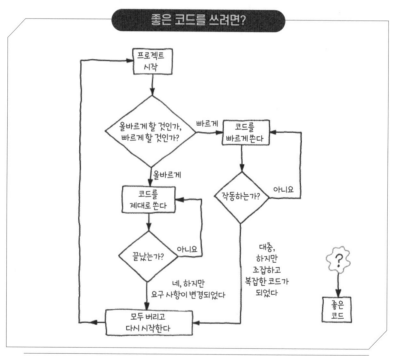

전문가조차 예상치 못한 요구, 서버 부하, 미처 못 보고 넘긴 요인 때문에 본의 아니게 '나쁜' 코드를 쓰기도 한다. 히스로 공항의 수하물 처리 소프트웨어 같은 프로그램이 계획대로 실행되지 않은 것을 보면 '좋은' 코드는 기술보다 마술의 영역인 것 같다.

테스트는 소프트웨어 개발에 소요되는 시간과 비용의 상당 부분을 차지한다. 유용하고 신뢰할 수 있는 소프트웨어를 만들기 위해 개발팀은 두 가지 광범위한 유형의 테스트를 한다. 검증 테스트를 통해 프로그램이 고객의 요구에 부합하는지를 확인하면서, 또 한편으로는 프로그램에서 오류를 찾아내는 것이다. 즉, 개발자가 올바른 프로그램을 구축하고 있는지, 또한 프로그램을 올바른 방식으로 구축하고 있는지 확인한다.

검증 테스트는 매우 중요하기 때문에 개발자가 작업을 시작하기 전에 테스트 코드를 쓰는 경우가 많다. 심지어 테스트 코드를 위한 테스트 코드를 쓰기도 한다. 테스트 코드가 문제를 잡아낼 수 있는지 확인하기 위해 고의적으로 오류가 있는 코드를 만들어 보는 것이다. 결국 개발자는 코드 작성만큼이나 많은 시간을 코드를 테스트하고 버그를 찾는 데 쓴다. 검증 테스트는 여러 단계로 수행하며, 다음과 같은 내용이 포함된다.

- **단위 테스트**: 코드의 작은 부분을 검사한다. 개발자는 작은 모듈 하나를 작성해 오류를 확인한 후 예상대로 작동할 때까지 다시 작성한다. 작게 시작하면 버그를 더 쉽게 찾을 수 있다.
- **통합 테스트**: 두 개의 코드 단위가 함께 작동하는지를 검사한다. 단독으로 완벽하게 작동하는 코드라도 다른 구성 요소와 결합하면 깨지는 경우가 종종 있기 때문이다.

- **회귀 테스트**: 코드 변경으로 프로그램에 새로운 문제가 발생하지 않았는지 확인한다. 하나의 버그를 바로잡으면 또 다른 버그가 생길 수 있다. 개발자는 코드를 업데이트할 때마다 단위 테스트와 통합 테스트를 다시 실행해야 한다.
- **시스템 테스트**: 프로그램의 각 요소가 제대로 작동하는지 확인한다. 사용자 로그인, 프로그램 기능, 데이터 저장, 보안 프로토콜 등을 모두 다룬다. 프로그램이 데이터를 올바르게 분류하도록 보장하는 것처럼 간단한 테스트도 있고, 처리 오류를 찾기 위해 가짜 건강 보험 앱을 무려 1만 번이나 돌리는 것같이 복잡한 테스트도 있다.
- **설치 테스트**: 사용자가 실제로 자신의 기기에 프로그램을 연결할 수 있는지 확인한다.
- **호환성 테스트**: 프로그램이 여러 기종에서 제대로 작동하는지 확인한다. 개발자의 시스템에서 완벽하게 작동하는 소프트웨어도 사용자의 구형 컴퓨터에서는 작동하지 않을 수 있다.
- **성능 테스트**: 실제 조건에서 프로그램의 속도와 신뢰성을 검증한다. 성능 테스트에는 많은 사람이 프로그램을 동시에 사용할 때 프로그램에 얼마나 빨리 부하가 걸리는지를 시뮬레이션 하는 부하 테스트가 포함된다.
- **유용성 테스트**: 일반 사용자가 프로그램을 이해할 수 있는지 확인한다.
- **접근성 테스트**: 프로그램이 시각, 청각, 이동이 불편한 사람들에게 효과가 있는지 여부를 평가한다.

개발자는 대개 단위 테스트, 통합 테스트, 회귀 테스트를 실행한다. 품질 보증 전문가는 실제로 프로그램을 쓸 사람들의 상황을 연출하기 위해, 프로그램을 계속 돌리면서 여러 측면을 테스트한다.

이들은 사용자가 이상한 선택을 하는 '부적절한' 경로를 찾는 등 사용자가 프로그램을 통해 취할 수 있는 모든 경로를 테스트한다. 사용자 두 명이 같은 암호를 쓸 경우 어떤 상황이 벌어지는지, 사용자가 민감한 데이터에 접속하는 동안 브라우저가 충돌하는지 등 생각할 수 있는 모든 비정상적인 상황도 테스트한다. 마지막 테스트 단계로, 많은 회사가 실제 사용자들을 동원해 프로그램을 시험하는 베타 테스트를 진행한다. 베타 테스트에 참여하는 사용자들은 그 대가로 일반인보다 해당 프로그램에 일찍 접속하는 특혜를 받기도 한다.

일반적인 소프트웨어는 코드 1000줄당 평균 15개에서 50개의 오류가 발견된다. 모든 오류를 추적하려면 회사가 감당할 수 없을 정도로 비용과 시간이 들기 때문에, 버그 몇 개가 있는 채로 출시되는 소프트웨어가 많다. NASA 개발자들이 우주선의 소프트웨어를 쓸 때는, 세심한 개발 및 테스트 기술을 사용하기 때문에 50만 줄의 코드에도 불구하고 버그가 없었다.

적절한 배치가 중요하다

테스트가 끝나고 소프트웨어를 배치하는 건, 판매를 위해 프로그램을 출시하는 것 이상의 일이다. 완벽하게 작동하는 프로그램이더라도, 사용자가 익숙해지기 전까지 문제가 발생하면 도움이 필요하다. 지원 인력이 부족하거나 기술지원팀이 제대로 준비되지 않으면, 고객들은 소프트웨어 구매를 다시 생각해 볼 수도 있다. 실제로, 새로 출시된 프로그램들은 완벽하지 않다. 소프트웨어를 배치하는 과정에서 발견되지 않은 문제가 반드시 나타나게 마련이다.

또한 배치하는 과정에서 회사의 서버, 즉 연결 기기로부터의 요청을 처리하는 네트워크로 연결된 컴퓨터의 부하가 크게 높아진다. 서버는 웹 검색, 날씨 확인, 인스타그램 게시 등 단일 기기를 넘어 상호 작용을 모두 지원한다. 배치하는 동안, 새로운 사용자가 생길 때마다 서버 부하가 높아진다. 부하가 용량을 초과하면 소프트웨어는 아주 느리게 실행되거나 완전히 다운된다.

혼란을 줄이기 위해 소프트웨어 개발팀은 배치를 계속 확산하는 방법을 쓴다. 여기에는 단계적 배치와 점진적 배치라는 두 가지 방식이 사용된다. 단계적 배치는 소규모 사용자 그룹에 소프트웨어를 출시한 뒤, 배치를 확장하기 전에 문제를 찾아 해결하는 방식이다. 점진적 배치는 필수 요소만 포함하는 소프트웨어를 먼저 출시하고, 업데이트할 때마다 새로운 기능을 추가하는 방식이다. 이 방식은 버그 수정과 기술 지원 요구를 시간에 따라 분산할 수 있다는 장점이 있다.

배치를 잘 설계했음에도 치명적인 잘못이 생길 수도 있다. 나이앤틱 랩스 소프트웨어 회사는 2016년에 '포켓몬 고'라는 증강 현실 게임을 출시했다. 스마트폰 카메라에 나타나는 현실 이미지와 가상 이미지를 교묘하게 결합한 게임이었다. 게이머들은 자신의 앞에 실제로 나타난 것처럼 보이는 포켓몬을 잡기 위해

버그의 종류

버그는 구문 오류, 실행 시간 오류, 논리 오류의 세 가지 유형으로 분류된다.

• 구문 오류: 구문 오류는 기본적으로 문법상의 오류다. 철자 오류, 문장 부호 누락, 잘못된 명령어 등이 여기에 속한다. 구문 오류는 생기기 쉽지만, 고치기도 쉽다.

• 실행 시간 오류: 컴퓨터가 할 수 없는 일을 실행하라고 지시할 때 발생한다. 컴퓨터에게 0으로 나누라고 요청(수학적으로 불가능)하거나 고객의 이름을 성으로 나누라고 요구(역시 수학적으로 불가능)하는 경우다. 실행 시간 오류는 무한 루프(infinite loops)와 관련 있다. '무한 루프'는 코드가 컴퓨터에게 언제 멈추는지 지시 없이, 하나의 작업을 반복하라고 명령해 컴퓨터가 끝없이 돌아가게 하는 현상을 말한다. 개발자들이 오류 메시지를 만들거나 프로그램을 깨뜨리는 경우, 반드시 실행 시간 오류가 발생한다.

• 논리 오류: 개발자가 원한 것과 프로그램이 실제로 실행한 명령이 다를 때 발생한다. 두 변수를 '더하기' 하려고 했는데 '곱하기' 한다거나, 성인의 정의를 '18세 이상의 사람'으로 하지 않고 '18세'로 쓴 경우에 논리 오류가 생긴다. 프로그램이 오류 메시지 없이 실행되므로 이상 없이 작동하는 것처럼 보이지만, 예상과 다른 결과를 낳기 때문에 논리 오류는 찾아내기 어렵다.

출시 후 3년이 지나도록 프로그램 충돌과 접속 지연으로 문제가 있지만, 포켓몬 고는 여전히 전 세계에서 매일 수백만 명의 게이머를 끌어 모으는 최고의 인기 모바일 게임이다.

몇 킬로를 걸었다. 포켓몬 고는 세계적으로 수많은 게이머를 거리로 끌어냈다. 뉴욕시 센트럴파크에 어른 수백 명이 희귀 포켓몬 샤미드Vaporeon를 잡기 위해 한밤중에 거리로 쏟아져 나오기도 했다.

포켓몬 고는 출시하자마자 매일 2000만 명이 즐기는 유행이 되었다. 아니, 많은 사람이 게임에 접속을 시도했다는 표현이 더 정확할 것이다. 이로 인해 앱이 멈추거나 다운되어, 게이머들이 로그인할 수 없는 상황까지 벌어졌다.

포켓몬 고를 출시하기 전에 나이앤틱과 구글의 네트워크 엔지니어들은 수요를 예측하고, 예상 서버 부하의 5배라는 최악의 경우를 대비해 시스템을 설계했다. 또 전 세계에 지역별로 출시일을 다르게 잡아 수요가 서서히 증가할 수 있도록 단계적 배치를 시도했다. 엔지니어들은 모든 상황에 대비했다고 생각했지만, 수요가 기대 이상으로 폭발했다. 전 세계적으로 게임 사용자가 폭주하면서 초당 접속 회수가 예상보다 50배나 많아 서버가 부하를 견디지 못한 것이다.

게이머들이 분노하자, 나이앤틱과 구글의 네트워크 엔지니어들은 한정된 자원을 최대한 활용하기 위해 안간힘을 썼다. 서버 수천 대를 새로 추가했고, 트래픽을 서버 전체에 더 효율적으로 분산시킬 수 있는 방법을 찾아냈다. 엔지니어들은 기존 사용자의 압도적인 수요를 충족시키기 위해 노력하는 한편, 일본 출시를 위해 네트워크를 재설계해야 했다. 구글의 한 엔지니어는 그 과정을 "비행 중인 비행기의 엔진을 교체하는 것 같았어요."라고 말했다.

포켓몬 고 출시에 생긴 이런 문제들이 게이머를 많이 실망시키긴 했지만, 불편했을 뿐 실제로 어떤 피해를 끼친 것은 아니었다. 하지만 병원, 은행, 군사 기관, 정부 기관에서 잘못된 배치는 심각한 결과를 초래할 수 있다.

영국 정부의 양육비 이행 관리원은 양육비 지급액을 계산하고, 기금을 모으고, 부모에게 양육비를 보내는 일을 담당하는 기관이다. 2003년에 이 기관은 해결되지 않은 버그가 있음에도 새로 구입한 소프트웨어를 사용하기로 결정했다. 그리고 6개월 후, 양육비 지급 대상자의 4%만 양육비를 받는 사태가 벌어졌다. 프로그램 교육을 제대로 받지 못한 직원들이 잘못된 데이터를 입력하거나 소프트웨어가 처리하지 못한 지급 대상자를 삭제했기 때문이었다. 3년 후, 직원들은 소프트웨어 문제에 대한 해결책을

600가지나 만들어야 했다. 이 과정에서 신청서 33만 3000개가 처리되지 않은 채로 밀려 있는 걸 발견했다. 결국 잘못된 배치로 70억 달러(8조 3000억 원)의 미수금이 발생했다.

유지하는 게 훨씬 어렵다

프로그램은 몇 년 또는 수십 년 사용되기 때문에, 개발자들은 코드를 작성하는 것보다 코드를 유지하고, 보수하는 데 시간을 더 많이 쓴다. 평균적으로 유지·보수는 소프트웨어 개발 예산의 4분의 3을 차지한다.

버그를 수정하고, 기능을 추가하고, 소프트웨어가 새 하드웨어나 OS에서 제대로 작동하는지 확인하는 작업 등이 유지·보수에 포함된다. 외부에서 지도, 교통 상황, 도로 폐쇄 정보를 가져오는 내비게이션 앱은 데이터 소스가 변경되거나 제조사가 새로 스마트폰을 출시할 때마다 업데이트가 필요하다. 변경과 추가가 반복해 쌓이면서, 처음에 잘 짰던 프로그램도 지저분한 스파게티 코드로 변할 수 있다. 그래서 유지보수팀은 코드를 신뢰할 수 있고, 읽기 쉬운 상태로 리팩토링*을 해야 한다.

유지·보수 작업은 대부분 사소한 것이다. 2018년 아마존의 AI 음성 비서 알렉사는 뚜렷한 이유 없이 사람들을 향해 으스스

---
*리팩토링: 결과를 바꾸지 않고 코드의 구조를 정리 및 단축하는 것.

웃기 시작했다. 개발자들은 알렉사가 정상적인 말을 "알렉사, 웃어."라는 명령으로 잘못 알아듣는다는 걸 발견했다. 이유 없이 웃는 알렉사를 부숴 버리겠다는 사람들로부터 알렉사를 보호하기 위해, 개발자들은 "알렉사, 웃어."라는 두 단어의 명령어를 "알렉사, 웃을 수 있니?"라는 긴 명령어로 바꿨다. 또 알렉사가 웃기 전에 "그럼요, 웃을 수 있어요."라고 대답하도록 프로그램을 수정했다.

Y2K 버그와 같은 유지·보수 작업도 중대한 문제를 일으켰다. 1990년대 후반, 많은 프로그램이 여전히 1960년대에 만들어진 코드에 의존하고 있었다. 이 코드들은 연도 표기를 두 자리 숫자로 저장했는데, 이는 프로그램이 1903년과 2003년을 구별하지 못한다는 것을 의미했다. 2000년이 다가오면서, 이 문제가 혼란을 일으킬 가능성이 생겼다. 코드를 업데이트하지 않으면, 병원 소프트웨어가 2000년 1월 1일에 태어난 아기를 100살로 표시할 수도 있었다. 컴퓨터가 00을 1900년으로 인식할 것이기 때문이다. 100세짜리 아기라면 그저 웃긴 이야기로 넘길 수 있지만, 전문가들은 공항, 은행, 공공시설, 정부 서비스에 심각한 문제가 생길 것을 걱정했다. 연도 표시를 두 자리에서 네 자리 숫자로 바꾸기 위해 전 세계 소프트웨어를 업데이트하는 데 몇 년이 걸렸고, 비용도 어마어마하게 들었다.

업데이트는 종종 예기치 않은 문제를 일으키기 때문에 유지·보수 단계에도 테스트는 여전히 중요하다. 미국의 증권 중개 업체인 나이트 캐피털 그룹은 2012년에 부실하게 테스트한 업데이트를 배포했다가 컴퓨터 역사상 가장 돈이 많이 드는 문제를 일으켰다. 전자 거래 프로그램에서 이상한 행동을 유발하는 코딩 오류가 포함된 업데이트를 한 것이다. 회사가 오류를 파악하고 프로그램을 중단하기 전 1시간 동안, 잘못된 거래로 회사는 천문학적인 비용을 손해 보았다.

폭포수와 애자일 방법

소프트웨어 개발 초기에, 개발팀은 소프트웨어 개발 생명 주기 SDLC의 각 단계를 순서대로 거쳤다. 그들은 전체 프로젝트에 대한 요구를 수집한 다음에 설계, 코딩, 테스트 및 출시 단계를 차례로 진행했다. 프로젝트가 전 단계로 돌아가지 않고, 순서에 따라 다음 단계로 진행되기 때문에 개발자들은 이런 방식을 '폭포수waterfall 방법'이라고 불렀다.

폭포수 방법은 거의 완벽한 사양의 요구 사항과 설계도를 필요로 하기 때문에, 이 접근법을 사용하는 팀은 작업 시간의 약 40%를 계획을 세우는 데 써야 했다. 결국 많은 개발자가 폭포수 방법에서 벗어났는데, 수년간 팀을 이뤄 작업해 본 후에야 요구 사항을 잘못 이해했다는 것을 발견하기 때문이었다.

해커톤

인도 뉴델리의 샤히드 수크데프 경영대학에서 10월마다 열리는 24시간 해커톤인 HackCBS에 참여한 대학생 둘이 협력하고 있다.

소프트웨어 프로젝트는 대부분 몇 달 또는 몇 년까지 걸린다. 하지만 해커톤(hackathon)*은 정반대로 접근한다. 해커톤은 초단기 코딩 스프린트를 위해 참여자가 팀을 구성해 며칠 만에 앱을 만드는 목표에 도전한다. 대개 특정한 프로그래밍 언어로 작업하거나 의료, 교육, 재난 관리에서 구체적인 상황을 해결하기 등 준비된 주제로 열린다. 주최자들은, 다양한 배경의 사람들이 함께 즐기며 일할 수 있는 기회를 통해 새롭고 창의적인 해결책이 나오길 기대한다.

세계 최대의 게임 창작 해커톤인 '글로벌 게임 잼(Global Game Jam)'은 전 세계에서 동시에 열린다. 2018년에는 108개국에서 4만 2800명이 참가했다. 첫날 오후 주최측이 기만, 멸종, 의례 같은 비밀 테마를 발표하면 참가한 팀들은 이틀 안에 그 개념과 관련된 게임을 만들어야 한다. 누구라도 그렇게 빨리 시장에 출시하는 게임을 만들 수 없지만, 많은 사람이 탄탄한 프로토타입(prototype)**을 만들어 낸다.

해커톤은 사람들과 친근하게 어울릴 기회이며, 지나치게 경쟁만 강조하는 행사가 아니다. 많은 사람이 초보자를 환영하고, 그들이 합류할 팀을 찾도록 돕는다. 글로벌 게임 잼은 코더가 아닌 사람도 게임을 위한 아이디어를 제공하거나, 버그를 발견하는 게임을 하거나, 보드게임을 만들도록 장려한다.

현재 전 세계적으로 해커톤이 수천 개 있기 때문에, 대부분 집에서 가까운 해커톤을 찾을 수 있을 것이다. mlh.io와 hack.events 같은 사이트에서 날짜, 장소, 테마별로 해커톤 이벤트를 검색할 수 있다.

---

*해커톤: 해킹과 마라톤의 합성어로 한정된 기간 내에 기획자, 개발자, 디자이너 등 참여자들이 즉석에서 팀을 꾸려 앱을 완성하는 이벤트.

**프로토타입: 대량 생산을 하기 전에 시험 삼아 만드는 제품.

대부분은 폭포수 방법 대신에 설계, 구축, 테스트 단계를 반복하는 애자일Agile 방법을 사용한다. 애자일 방법은 스프린트sprint로 불리는 각 순환 주기에서 프로젝트의 작은 구성 요소를 몇 주에 걸쳐 철저히 다룬다. 애자일 개발자들은 종종 핵심 기능의 대략적인 버전을 만들고, 초기 고객의 피드백을 받아 개발 작업을 시작한다. 이후의 스프린트는 핵심 기능을 다듬고 새로운 기능을 추가하는 데 초점을 맞춘다. 이 유연한 접근법을 사용하면 개발자들은 시간을 많이 낭비하지 않고도 경로를 바꿀 수 있다.

애자일 방법을 사용하든, 폭포수 방법을 사용하든 개발팀은 소프트웨어 개발 생명 주기의 단계마다 세심하게 주의를 기울여야 한다. 좋은 소프트웨어를 만들려면, 개발자를 격리된 방에 가두고 빨리빨리 코드를 짜도록 하면 안 된다. 빌 게이츠는 이런 유명한 말을 남겼다. "프로그램이 어느 정도 만들어졌는지 코드 수를 세서 확인하는 건, 비행기가 어느 정도 만들어졌는지 무게를 재 보는 것이나 다름없다." 훌륭한 개발자가 되려면 그저 멋진 코드를 쓰기보다 고객의 요구를 이해하고 팀원과 잘 소통하는 데 시간을 많이 들여야 한다.

3장 프로그래밍 언어 선택

마츠모토 유키히로Yukihiro Matsumoto는 고등학교 때 코딩을 독학으로 배웠다. 대학에서는 정보 과학을 전공하면서 프로그래밍 언어 연구소에서 연구 활동도 했다. 수년간 프로그램을 공부했지만 마츠모토는 프로그래밍에 좌절을 느끼고 있었다. 마츠모토는 프로그램에 대한 자신의 목표를 실현하고 싶었다. 그가 진짜 원한 건 '프로그래밍 언어라는 마술적인 규칙'이 아니라 그냥 '이거 프린트 해.'라고 말로 명령하는 것이었다.

마츠모토는 마음에 드는 강력한 사용자 중심의 프로그래밍 언어가 없다는 걸 깨닫고 직접 만들기로 결심했다. 1993년에 '프로그래밍을 재미있고 자연스럽게 느끼도록 만들자.'는 목표를 세우고 '루비Ruby'라는 언어를 개발하기 시작했다. 1995년, 28세의 나이에 마침내 루비를 출시했다. 마츠모토의 모국어는 일본어였지만, 더 많은 사용자가 쓸 수 있도록 영어로 루비를 썼다. 마츠모토는 또 루비를 오픈 소스로 만들었다. 덕분에 다른 사람들이 루비를 무료로 내려받고, 공유하고, 심지어 루비를 만들 때 사용한 코드를 수정해 자신의 스타일로 바꿀 수 있었다.

마츠모토와 그의 팀은 출시 이후, 계속 루비를 개선하고 확장해 왔다. 새로운 버전은 개발자들이 가지고 노는 새 장난감처럼, 매년 크리스마스 날에 출시된다. 인터뷰할 때마다 마츠모토는 줄곧 "루비의 목표는 프로그래머들을 행복하게 만드는 것입니다."라고 말했다.

마츠모토의 목표는 성공한 것 같다. 루비 개발자들이 이 언어를 너무 좋아한 나머지, 온라인 상점에는 루비에 영감을 받은 머그잔, 셔츠, 지갑, 심지어 사각 팬티까지 판다. 개발자들이 마츠모토를 좋아하는 건 두말할 필요도 없다. 아마존에서 자석 제품, 화폭, 명판 등에 마츠모토가 한 말을 인쇄하거나 새긴 제품을 판매하고 있다.

마츠모토는 루비 덕분에 유명해졌지만, 그의 친절함과 너그러움에 대한 평판 또한 매우 높다. 다른 사람과 함께 일하는 것에 대한 접근 방식은 개발자 사이에 'MINASWAN'이라는 선풍을 불러일으켰는데, 이 말은 "마츠모토는 좋은 사람이고, 덕분에 우리도 좋은 사람이 됐어.Matz is nice and so we are nice."에서 따온 말이다. 루비 개발자들은 새롭게 만나는 개발자들을 환영하고, 질문에 친절하게 답하며, 상호 지원을 적극 격려함으로써 MINASWAN을 실

천한다. 그래서 모든 루비 개발자들은 자연스럽게 코딩을 좋아하
게 된다.

　최대 규모의 연례 루비 콘퍼런스인 루비콘프^RubyConf는 장애
인들의 참여, 성희롱 방지 코드의 실행, 무료 보육 제공 등을 통해
MINASWAN의 실천을 지지한다. 랍비* 출신 개발자인 예힐 칼
멘슨^Yechiel Kalmenson은 2017년 콘퍼런스에 참석한 경험을 다음과 같
이 썼다. "루비스트들(루비를 좋아하는 사람들)이 정말 멋진 사람들
이라는 말은 진부한 표현이다. 아니 세상에, 나는 이렇게 멋지게
외부인을 환대하는 공동체를 본 적 없다."

컴퓨터에게 말하기

인간의 언어는 각 단어의 정의를 설명하는 데 그다지 명확하지
않다. 영어에는 여러 의미를 갖는 단어가 수백 개나 된다.

　예를 들어, "Miguel saw her duck."이라는 문장은 "미구엘이
누군가의 애완용 오리를 보았다."는 뜻일 수 있고, 피구 게임에서
"미구엘이 상대방 팀의 누군가가 쭈그리고 앉은 것을 보았다."는
뜻일 수도 있다. 사람들은 대화의 상황을 보고, 혼란스러운 단어
를 이해한다. 그래서 농장을 방문한 얘기를 하느냐, 피구 얘기를
하느냐에 따라 'duck'을 다르게 해석한다.

----
*랍비: 유대교의 율법학자.

개발자들은 혼란스럽고 모호한 인간 언어로 코드를 쓰는 대신, 정확한 의사소통을 위해 고안된 특별한 프로그래밍 언어를 쓴다. 컴퓨터는 상황에 대한 인식이나 상식 없이, 프로그램이 시키는 대로만 할 수 있기 때문에 정확한 의사소통이 반드시 필요하다. 경험이 풍부한 개발자인 로드 스티븐스Rod Stephens는 자신이 쓴 간단한 프로그램의 단일 디렉토리에서 파일을 삭제한 경험을 설명했다. 의도는 분명했지만, 스티븐스가 쓴 코드는 그렇지 않았다. 대상 디렉토리에 있는 파일을 삭제하자 프로그램이 계속 돌아갔고, 스티븐스의 표현에 따르면 "시스템에 있는 모든 파일을 게걸스럽게 삭제해 버렸다." 실행된 단 5초 동안 프로그램이 너무 크게 망가져서 스티븐스는 OS 전체를 다시 설치해야 했다.

저급 언어

기본 원리를 보자면, 컴퓨터는 '트랜지스터'라는 전기 스위치를 열고 닫음으로써 계산을 수행한다. 비디오 스트리밍부터 로켓의 방향 유도까지, 컴퓨터의 모든 작업은 전기가 특정 경로를 따라 흐르냐, 아니냐를 결정하는 것에 불과하다.

프로그램은 어떤 스위치가 열리는지, 닫히는지를 컴퓨터에 알려 주는, 일명 '기계어 코드^{machine code}'라는 숫자 다발들로 구성된다. 가장 기본적인 형태의 기계어 코드는 1(열림)과 0(닫힘)으로 구성되는데, 이를 '이진 코드^{binary code}'라고 한다.

문자 H-E-L-L-O의 이진 코드는 01001000 01000101 01001100 01001100 01001111이다. 그러나 40개의 숫자로 이루어진 이 한 줄의 코드로는 어떤 것도 할 수 없다. 컴퓨터에게 그 문자들을 저장, 표시, 삭제하라고 말하려면 더 많은 코드가 필요하다. 이론적으로는 개발자들이 이진 코드로 프로그램을 작성할 수 있지만, 불가능할 정도로 시간이 오래 걸리고 버그를 찾는 일도 끔찍할 것이다. 한 개발자는 기계어 코드로 프로그램을 작성하는 일을 포크나 나이프 없이 이쑤시개로 식사하는 것과 같다고 비유했다.

저급 언어는 기계어 코드에서 한 단계 더 발전했지만, 여전히 인간의 언어와 전혀 다르다. 초창기 개발자는 주로 '어셈블리어^{assembly language}'를 사용했다. 어셈블리어는 1과 0을 짧은 단어로 대체하는 저급 언어였다. 예를 들어, 컴퓨터에게 한 장소에서 다른 장소로 정보를 이동^{move}하라고 말하는 기계어 코드를 mov라는 명령이 대체하는 식이다.

구식 윈도 기기에서 'Hello, World!'라는 단어를 표시하기 위한 어셈블리어는 다음과 같다.

```
org 100h

mov dx,msg

mov ah,9

int 21h

mov ah,4Ch

int 21h

msg db 'Hello, World!',0Dh,0Ah,'$'
```

저급 언어는 이진 코드보다 인간의 언어에 가깝지만 여전히 직관적이지 않다. 소수의 전문가가 특별히 빠르고 효율적이어야 하는 프로그램을 만들 때 저급 언어를 쓰기도 하지만, 대부분의 개발자는 저급 언어를 거의 쓰지 않는다.

고급 언어

대부분의 개발자는 프로그램을 만들기 위해 고급 언어를 사용한다. 고급 언어는 인간의 언어와 마찬가지로 특정한 순서(문법)로 배열된 의미 단위(단어)를 가지고 있다. 컴퓨터 문법, 즉 '구문'은 인간 언어의 문법처럼 문장을 쓰고 구두점을 찍는 등의 규칙을 다룬다.

프로그래밍 언어는 모두 고유한 어휘와 구문을 가지고 있다. 인간 언어와 마찬가지로 세부적인 사항이 중요하다. "할머니

"헬로, 월드!"

코드에 입문하는 사람들이 새로운 언어를 배울 때, 맨 처음으로 하는 작업이 대개 "헬로, 월드!(Hello, World!)"를 화면에 표시하는 것이다. 언어마다 고유한 어휘와 구문을 가지기 때문에, 프로그램이 완전히 똑같은 작업을 수행해도 매우 다르게 보일 수 있다.

루비	파스칼	C 자바	자바

puts
"Hello, World!"
	program
	hello;
	　begin
	　WriteLn
	　('Hello,
	　World!');
	　end.
		int main()
		{
		　printf("Hello,
		World!");
		　return 0;
		}
			public class
			HelloWorld {
			　public static
			void main(String[]
			args) {System.out.
			println("Hello,
			World!");
			　}
			　}

프로그램 이해하기

파이썬으로 쓴 이 프로그램은 임의의 단어를 선택해 문장을 완성시킨다. 이를 실행하면 "I taunt lots of exasperated banjos because I despise them so much.(나는 밴조들을 매우 경멸하기 때문에 화가 난 많은 밴조들을 조롱한다.)"와 같은 문장이 만들어진다.

코드의 각 부분을 목적과 일치시킨다.

1. 선택한 단어를 문장에 채워 넣는다.
2. verbs(동사), nouns(명사), adjectives(형용사), emotions(감정)의 목록을 작성한다.
3. 문장을 화면에 표시한다.
4. 단어 목록에서 임의로 동사, 명사, 형용사, 감정을 선택한다.
5. 목록에서 임의 항목을 선택하기 위해 모듈에 접속한다.

파이썬 코드	목적
`import random`	

`verbs = ['chase', 'critique', 'taunt', 'cuddle']`
`nouns = ['bunnies', 'banjos', 'scissors', 'umbrellas']`
`adjectives = ['fuzzy', 'combative', 'confused', 'exasperated']`
`emotions = ['adore', 'despise', 'fear', 'love']`	

`verb = random.choice (verbs)`
`noun = random.choice (nouns)`
`adjective = random.choice (adjectives)`
`emotion = random.choice (emotions)`	

`phrase = 'I' + verb + 'lots of' + adjective +` `noun + 'because I' + emotion + 'them so much.'`	
`print(phrase)`	

이 프로그램을 써 보려면, www.skulpt.org에서 찾을 수 있는 온라인 파이썬 인터프리터에 이 프로그램을 입력하고 화면의 지시에 따라 프로그램을 실행해 본다. 실행되지 않으면 철자가 잘못되거나 괄호가 누락되었는지 등의 오류를 찾아 버그를 수정한다. 일단 작동하면 단어 목록이나 단어들이 들어가는 구문을 변경해 본다.

파이썬 코드	목적
`import random`	5

`verbs = ['chase', 'critique', 'taunt', 'cuddle']`
`nouns = ['bunnies', 'banjos', 'scissors', 'umbrellas']`
`adjectives = ['fuzzy', 'combative', 'confused', 'exasperated']`
`emotions = ['adore', 'despise', 'fear', 'love']`
	2

`verb = random.choice (verbs)`
`noun = random.choice (nouns)`
`adjective = random.choice (adjectives)`
`emotion = random.choice (emotions)`
	4

`phrase = 'I' + verb + 'lots of' + adjective +` `noun + 'because I' + emotion + 'them so much.'`	1
`print(phrase)`	3

밥 먹을 시간이야!Time to eat Grandma!"라는 문장은 "할머니, 밥 먹을 시
간이야.Time to eat, Grandma."라는 문장과 쉼표 하나 차이지만 훨씬 끔찍
하게 들린다. 부모들은 "나는 오븐에 요리하는 것을 좋아하고, 내
고양이와 아이들을 좋아해.I love baking, my cats, and my kids."라고 진지하게
말할 수 있지만, "나는 내 고양이와 아이들을 오븐에 요리하는 것
을 좋아해!I love baking my cats and kids."라고 말하지는 않는다(역시 쉼표 하
나 차이다).

컴퓨터는 고급 언어로 작성된 프로그램을 직접 실행할 수
없기 때문에, 개발자들이 인터프리터interpreter나 컴파일러compiler를

사용해 프로그램을 기계어 코드로 변환한다. 이 과정을 '코드를 컴파일한다'고 부른다. OS가 다르면 컴파일러도 다르다. 앱이 맥과 윈도 기기에서 모두 작동하려면 개발자들은 코드를 두 번 컴파일해야 한다.

언어 선택하기

프로그래머가 선택할 수 있는 언어는 수백 개나 되며, 각각의 언어는 나름의 장단점이 있다. 앱 인벤터같이 특정 기기나 OS용으로 개발된 도구가 있는가 하면, 자바스크립트나 파이썬 등과 같이 여러 플랫폼, 컴퓨터, OS 전반에 걸쳐 소프트웨어가 작동하도록 개발된 언어도 있다. 또 그래프 작성 및 통계 분석을 처리하는 R 언어같이, 특정 작업에 최적화된 경우도 있다. 자바나 C++과 같은 언어는 어느 목적에서나 잘 작동한다.

프로그래밍 언어를 사용하려면, 사용자는 해당 언어의 소프트웨어 개발 키트를 내려받아 언어가 올바르게 작동하도록 프로그래밍 환경을 설정해야 한다. 이 과정은 시간이 많이 걸릴 수 있기 때문에, 대부분 코딩 학습 사이트에서는 아무것도 내려받을 필요 없이 온라인으로 코드를 작성하고 실행할 수 있게 되어 있다.

개발자는 언어를 명령형, 선언형, 객체 지향형, 함수형 등 네 가지 유형으로 분류한다. 각 언어 유형은 서로 다른 프로그래밍

패러다임이나 프로그램 구조에 대한 사고방식을 나타낸다. 대부분의 개발자는 여러 언어를 배우고, 해당 프로젝트에 가장 적합한 언어를 선택해 사용한다. 대개 첫 번째 언어를 배울 때 시간이 많이 걸리는데, 처음에는 컴퓨터처럼 생각하는 법을 함께 배우기 때문이다. 두 번째와 세 번째 언어는 훨씬 더 쉽게 배울 수 있다.

명령형 언어

명령형 언어는 컴퓨터에게 일을 어떻게 하는지 알려 준다. 명령형 언어로 작성된 프로그램은 위에서 아래로 한 줄씩 실행되기 때문에 하향식 언어라고도 한다. 예를 들어, 정사각형을 그리는 명령형 프로그램은 다음과 같은 일련의 단계를 거쳐 실행된다.

1. 100픽셀 길이의 선을 그린다.
2. 시계 방향으로 90도 돈다.
3. 100픽셀 길이의 선을 그린다.
4. 시계 방향으로 90도 돈다.
5. 100픽셀 길이의 선을 그린다.
6. 시계 방향으로 90도 돈다.
7. 100픽셀 길이의 선을 그린다.

명령형 언어로 작성된 프로그램은 구조가 간단해 빠르게 실행된다. 명령형 언어는 대개 사건의 논리적 흐름을 수반하기 때문에 초보자가 이해하기 쉽다. 저급 언어는 명령형 언어다. 가장 오래된 고급 언어 대부분도 명령형 언어다.

선언형 언어

선언형 언어는 구체적인 방법 없이, 무슨 일이 일어나야 하는지를 기술한다. 예를 들어, 10대 자녀가 방을 청소하기를 원하는 부모는 구체적인 집안일 목록을 제시할 수 있다.

1. 바닥에 있는 옷을 세탁기에 넣는다.
2. 더러운 접시를 부엌에 갖다 놓는다.
3. 쓰레기를 가지고 나간다.
4. 진공청소기로 카펫을 청소한다.

이 목록은 실행할 일련의 명령을 순서대로 제공한다는 점에서 명령형 프로그램과 유사하다. 선언형 언어는 단지 "방을 청소해!"라고 말한다. 화가 난 부모는 청소를 어떻게 하는지 상관하지 않고, 단지 청소하기를 원할 뿐이다.

개발자들은 웹페이지를 만들 때 대개 선언형 언어를 사용한다. 예를 들어, HTML 코드는 웹 브라우저에게 텍스트의 한 부분을 굵게 표시하거나 두 개의 열에 표시하도록 지시할 뿐, 브라우저가 어떻게 그 일을 할 것인지는 제어하지 않는다.

객체 지향형 언어

단계별로 지시를 내리는 명령형 언어와 달리, 객체 지향형 언어는 현실을 반영한 모델을 구축한다.

객체 지향형 언어를 사용해 가상의 동물 기르기 게임을 만든다고 하자. 개발자는 우선 개, 집, 장난감 같은 광범위한 범주에 대한 설계도를 만들 것이다. '클래스'라고 부르는 이러한 틀은 해당 범주와 관련된 모든 특징과 행동을 설명한다. 개 클래스에는 개의 품종, 색, 이름 같은 특징, 개가 짖거나 노는 행동이 모두 포함된다.

물론 가상의 동물 기르기 게임에는 개, 집, 장난감 클래스뿐 아니라 특정한 개, 집, 장난감이 필요하다. 개, 집, 장난감 같은 특정 실물을 '객체'라고 한다. 가상의 동물 기르기 게임에는 래브라도 레트리버 렉스, 흰 푸들 기기같이 가상의 개 객체가 많이 나올 것이다. 개발자들은 객체 지향형 언어를 사용해, 실제처럼 프로그래밍된 객체를 연결시킨다. 즉, 가상의 개를 모두 가상의 집이나 장난감 모음과 연결하는 것이다.

잘 작성된 객체 지향 프로그램은 수정하거나 재사용하거나 문제를 해결하기 쉽다. 만약 가상의 동물 기르기 게임에서 게이머들이 자신의 개에 이름을 붙이지 못하는 문제가 발생하면, 개발자는 그 문제가 집이나 장난감 클래스가 아닌 개 클래스와 관련 있다는 사실을 쉽게 알 수 있다.

함수형 언어

함수형 언어는 표현 방식이 수학 방정식과 비슷하다. 함수 코드는 짧고 예측 가능하며, 오류 제거가 쉽다. 그러나 함수형 언어를 배우는 건 재귀 함수 같은 낯선 개념을 잘 알아야 하기 때문에 까다롭다. 금융 사기 탐지 프로그램을 설계하거나 인간 언어를 해석할 수 있는 검색 엔진을 만드는 것 같은, 복잡한 계산이 필요한 프로젝트를 개발할 때 주로 함수형 언어를 쓴다.

혼합형 언어

2011년 NASA는 화성에 한때 생명체가 살았는지를 탐구하기 위해 큐리오시티 탐사선을 발사했다. 큐리오시티에는 카메라 복합체, 엑스레이 사진을 찍을 수 있는 로봇 팔 렌즈 영상 장비, 암석 분쇄기, 물 탐지기, 다중 안테나 등과 같은 첨단 장비와 함께, 380

만 줄에 달하는 코드가 탑재되어 있었다. 여러 언어로 쓴 이 코드의 명령에 따라 큐리오시티는 지구와 의사소통하고, 자체의 기능 이상 유무를 모니터하고, 화성을 탐사하고, 첨단 장비를 제어하고, 화성에서 채취한 시료를 분석하는 일을 수행했다.

개발자들은 큐리오시티의 핵심 운영 코드를 C 언어로 작성했다. 이전의 임무를 위해 작성된 코드가 C였고, 그 위에 코드를 구축해야 했기 때문이다. 약 1000억 원짜리 임무가 버그 하나로도 크게 실패할 수 있기 때문에, NASA는 가능한 한 신뢰할 수 있는 코드를 재사용한다. NASA의 JPL 소프트웨어 연구소 소장이 다음과 같이 말했을 정도다. "아는 악마가 모르는 악마보다 낫죠."

개발자들은 다목적 언어인 C++와 자바 두 가지를 사용해, 큐리오시티의 로봇 작업 순서 프로그램과 시각 인식 프로그램을 작성했다. 이 프로그램의 100만 줄에 달하는 코드가 탐사 로봇의 팔을 제어하고, 화성 표면을 가로질러 운행하게 하는 것이다. 임무 제어 프로그램이 움직임과 관련된 명령을 매일 큐리오시티에 전송하는데, 개발자들은 이 명령어들을 XML로 작성한 다음에 그것을 이진 코드로 변환했다.

개발자들은 코드 테스트와, 오류를 추적하고 버그를 수정하기 위한 '스크럽Scrub'이라는 맞춤형 소프트웨어를 만드는 데에 파이썬을 사용했다. 개발자팀 40명이 5년에 걸쳐 큐리오시티 코드

큐리오시티 탐사선이 화성 표면에서 찍은 셀카. 개발자들은 탐사선이 셀카를 찍을 수 있게 하기 위해 엄청난 노력을 기울였다.

를 만들었다. 코딩의 완성도를 높이기 위해, 팀원들은 1시간에 테스트가 끝난 코드 10줄씩만 쓰는 것을 원칙으로 삼았다.

큐리오시티 탐사선이 발사되면서, 개발자들의 작업이 끝난 게 아니다. 큐리오시티의 코드는 끊임없이 변한다. 2013년에 화성의 날카로운 돌과 먼지가 큐리오시티를 괴롭히기 시작하자, 개발자들은 탐사선의 바퀴를 보호하는 구동력 제어 프로그램을 업로드했다. 2015년에는 큐리오시티가 테스트할 만한 암석을 독자적으로 식별할 수 있는 AI 소프트웨어를 업로드했다. 이 프로그램을 업로드한 후, 큐리오시티는 화성의 자전으로 NASA의 전송 범위 밖에 있을 때에도 계속 작동할 수 있게 되었다.

프로그래밍 언어의 구성 요소

어휘와 구문은 서로 다른 개념이지만, 프로그래밍 언어에서는 공통의 핵심 구성 요소를 갖는다. 모든 언어는 변수를 정의하는 방법, 행동을 반복하는 방법, 프로그램이 이벤트에 어떻게 반응하는지를 제어하는 방법 등을 제공한다.

변수: 프로그램이 저장하거나 상호 작용하는 데 필요한 정보를 정의한다. 변수는 텍스트나 숫자 같이 단순한 데이터일 수도 있고, 온라인 쇼핑 카트 같이 복잡한 데이터 구조일 수도 있다. SNS 앱에서 변수는 다음과 같은 정보를 저장한다.

```
FirstName = "Marco"
이름 = "마르코"
CurrentAge = 16
현재나이 = 16
ProfilePublic = false
공용프로필 = 거짓
friends = {"Celia", "Mallory", "Jiro", "Ibrahim"...}
친구들 = {"실리아", "맬러리", "지로", "이브라힘"…}
```

많이 쓰는 프로그래밍 언어

언어	유형	개요
C	명령형	초기 고급 언어 중 하나. OS와 밀접하게 연결된 내장형 펌웨어 및 앱에 사용된다.
C++	객체 지향형	게임 개발부터 기업용 소프트웨어에 이르기까지 모든 것에 사용되는, C언어의 다재다능한 향상된 버전이다.
C#	객체 지향형	마이크로소프트가 자바의 대안으로 개발. 웹 기반 앱, 게임 개발, 마이크로소프트 앱에 사용된다('C 해시태그'가 아니라 'C샤프'로 읽는다).
HTML	선언형	웹사이트의 텍스트 표시를 제어하는 데 사용되는 읽기 쉬운 언어이다.
자바	객체 지향형	여러 플랫폼에서 사용할 수 있는 다목적 언어. PC, 웹 및 모바일 앱에 사용되며, 미국의 고교 심화 학습 과정에서 가르친다.
자바스크립트	혼합형	사진을 업로드하거나 새 폴더로 이메일을 이동하는 등 웹페이지의 대화형 기능에 사용된다. 이름이 비슷하지만 자바와는 관련이 없다.
PHP	명령형	플랫폼 간 호환되며, 배우기 쉽다. 페이스북처럼 콘텐츠가 자주 바뀌는 웹사이트에 사용된다.
파이썬	객체 지향형	다목적 언어이며 배우기 쉽다. 데이터 분석, 과학 응용, 게임, 로봇공학, 앱, 웹 개발에 사용된다.
R	함수형	통계 분석의 결과를 표시하는 데 사용된다.
루비	객체 지향형	배우기 쉽고, 웹 기반 앱에 많이 사용된다. 루비 온 레일즈(Ruby on Rails) 같은 개발 도구에 연결하면, 반복 작업을 단순화하여 개발 속도를 높일 수 있다.
SQL	선언형	검색 및 데이터베이스 업데이트에 사용된다. 다른 언어와 함께 사용하는 경우가 많다.
스위프트	객체 지향형	애플에서 개발한 언어로 아이폰, 아이패드, 애플 워치, 맥용 앱을 만드는 데 주로 사용된다.

루프: 프로그램이 행동을 반복하게 한다. 예를 들어, 프로그래머는 컴퓨터에게 사각형을 그리라고 말하기 위해 각 단계를 코드 한 줄씩 개별적으로 나열해야 한다. 즉, 선을 긋고, 90도 회전하고, 다시 줄을 긋고, 다시 90도 회전하라고 말한다. 그런 식으로도 프로그램이 작동하지만, 비효율적이다. 루프는 그런 명령을 다음과 같이 단순화한다.

```
Repeat 4 times: (Draw a line 100 pixels long. Turn
90 degrees clockwise.)
```
4회 반복한다: (100픽셀의 선을 그린다. 시계 방향으로 90도 회전한다.)

루프가 만만찮은 도전임을 보여 주는, 어이없지만 재미있는 농담이 있다. 바로 "그 개발자는 왜 샤워실에 갇혔을까? 샴푸 사용 설명서에 '거품질, 헹굼, 반복'이라고 적혀 있기 때문이다."라는 우스갯소리다. 개발자가 루프를 사용할 때, 행동의 반복을 언제 멈춰야 하는지를 컴퓨터에 반드시 말해 주어야 한다. 그렇지 않으면 무한 루프가 되어 누군가가 프로그램을 강제로 닫을 때까지 끝없이 같은 작업을 반복하게 만들 것이다.

평생 샴푸를 하지 않으려면, 개발자들은 헹굼 횟수 변수를 사용해 루프를 제어해야 한다. 헹굼 횟수 변수는 0에서 시작해 한 번씩 헹굴 때마다 1씩 올라가며, '헹굼 = 2'일 때 샴푸 루프를 종료시킨다.

조건문: 개발자는 조건문 또는 if-then 문장을 사용해, 컴퓨터가 이벤트에 반응하는 방법을 제어할 수 있다. if-then 명령은 실생활에서도 아주 흔하다. 부모는 아이에게 "채소를 먹으면, 아이스크림도 먹을 수 있어."라고 말한다. 직장 상사는 "판매 목표를 달성하면, 보너스를 받게 될 거야."라고 말한다.

조건문에는 종종 대안 경로를 설명하는 else 문장이 포함된다. 예를 들어, 가상의 동물 기르기 게임에서 동물을 선택하는 과정은 다음과 같다.

동물 선택 메뉴를 표시한다.

게이머가 개를 클릭하면 개 품종 선택 메뉴가 표시된다.

그렇지 않으면(ELSE), 고양이 품종 선택 메뉴를 표시한다.

대부분의 프로그램은 수많은 조건문을 사용해 이벤트의 흐름을 제어한다. 개발자는 흐름도를 사용해 그런 이벤트가 어떻게 전개될 것인지를 표시할 수 있다.

함수: 본질적으로 특정 작업에 방향을 제공하는 미니 프로그램이다. 개발자는 함수를 정의하는 코드를 작성한 후, 그 작업을 반복하고 싶을 때마다 메인 프로그램에서 해당 함수를 이름으로 호출한다.

예를 들어, 가상의 동물 기르기 게임에서 게이머가 동물 여러 마리를 소유하게 할 수 있다. 게임에서 동물을 입양할 때마다 게이머가 자신의 동물에 이름을 붙이고, 새 장난감을 사게 할 수도 있다. 또 기존의 동물을 자극해 질투심을 유발할 수도 있다. 개발자는 개와 고양이, 또는 두 번째 동물과 네 번째 동물에 코드를 별도로 작성하는 대신, 그러한 모든 행동을 포괄하는 '입양'이라는 재사용이 가능한 함수를 만들 수 있다.

개발자들은 직접 자신만의 함수를 쓸 수 있지만, 일반적으로 사용되는 함수가 들어 있는 코드 라이브러리를 활용할 수도 있다. 목록을 분류하거나 무작위 숫자를 생성하려는 경우, 코드를 직접 작성하기보다 라이브러리에서 원하는 함수를 간단히 불러낸다.

개발자를 돕는 개발 도구

언뜻 보기에 컴퓨터 프로그램은 기호와 이상한 단어가 뒤섞인 것처럼 보일 수 있다. 생소한 것을 너무 많이 암기하는 데 대한 두려

의사 결정 흐름도 만들기

조건문이 프로그램의 흐름을 어떻게 제어하는지를 익히려면, 아래 예제를 토대로 원하는 주제에 대한 의사 결정 흐름도를 만들어 보자. 친구에게 돈을 빌려 주거나, 좋아하는 동물을 선택하거나, 할머니의 친구 요청을 수락할지에 대한 결정을 다루는 흐름도를 만들 수 있다.

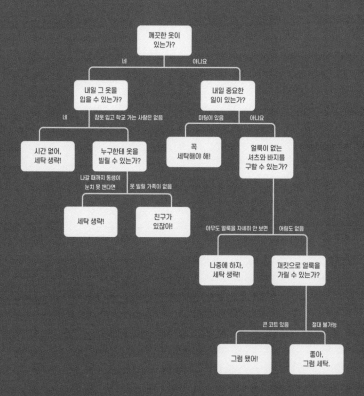

움이 코딩을 시도하기도 전에 사람들을 겁먹게 만들 수 있다. 그러나 경험이 많은 개발자도 수많은 함수 이름과 구문 규칙을 다 외우지 못하고, 그런 세부 사항을 다루는 개발 도구에 의존한다.

개발자는 대개 중요한 도구를 한곳에 담아 놓은 통합개발환경IDE에서 작업한다. 모든 IDE는 드롭다운 메뉴가 있는 코드 편집기를 가지고 있어서, 개발자가 명령을 선택하는 것을 돕는다. 개발자가 타이핑하면, 코드 편집기가 다음 단계를 제안하고 각 명령과 관련된 옵션을 보여 준다. 또한 코드 편집기는 구문을 처리하고, 오자를 찾고, 누락된 부분을 강조 표시하며, 샘플 코드를 링크해 준다. 코드 편집기를 사용하면 개발자는 세미콜론 넣을 곳을 일일이 찾지 않고, 아이디어에 집중할 수 있다. IDE에는 디버거debugger*와 오래된 코드를 추적하는 버전 제어 도구도 있다.

소프트웨어 개발 키트: 특정 프로그래밍 언어나 하드웨어 플랫폼에 연결된, 무료로 다운받을 수 있는 자료 모음을 말한다. 소프트웨어 개발 키트는 대개 사용 지침 프로그램, 샘플 코드, 작성된 코드 라이브러리, IDE 형태로 제공된다. 기업들은 자사의 프로그래밍 언어를 쓰고, 회사 플랫폼을 위해 앱을 개발하도록 이런 키트를 제공한다. 안드로이드 개발 키트를 사용하면 자바 코드를 안드로이드용 앱으로 쉽게 바꿀 수 있다.

게임 엔진: 비디오 게임을 더 쉽게 만들 수 있게 해 준다. 비행

---

*디버거: 프로그램에 있는 오류를 찾아 제거하는 프로그램.

패턴 찾기

패턴을 확실히 알면 개발자는 더 좋은 코드를 작성할 수 있다. 여러분이 좋아하는 노래의 멜로디와 가사를 표현하고 싶다고 생각해 보자. 어떤 패턴을 써야 컴퓨터 프로그램이 모든 메모와 단어를 개별 저장하지 않고도 그 노래를 재생할 수 있게 해 줄까?

연습 활동 답안 ─────────────────────────────────────○

노래 대부분이 멜로디는 같지만 가사가 다른 절과, 가사와 멜로디가 같은 후렴이 번갈아 나온다. 3절 노래라면, 컴퓨터 프로그램은 멜로디 2개, 가사 세트 4개를 저장해야 할 것이다.

노래 순서	가사	멜로디
1절	가사 세트 1	멜로디 1
후렴	가사 세트 2	멜로디 2
2절	가사 세트 3	멜로디1
후렴	가사 세트 2	멜로디 2
3절	가사 세트 4	멜로디 1
후렴	가사 세트 2	멜로디 2

프로그램은 한 절에 이어 후렴을 연주하는 루프를 사용해 이 노래를 재생할 수 있으며, 한 번 끝나면 한 절씩 올라가고 후렴을 세 번째 반복한 후 멈춘다.

개발자를 위해 일하는 줄리아 리우손

세계에서 가장 인기 있는 IDE는 개발자의 4분의 1가량이 사용하는 비주얼 스튜디오다. 개발자들은 비주얼 스튜디오를 사용해 프로그램의 구조를 검사하고, 코드를 테스트해 버그를 수정하고, 다른 사람과 협력하며, 잘못된 코드를 수정한다. 이 프로그램은 또 코드를 자동 완성해 주기도 하고, 워드프로세서가 오타를 구불구불한 빨간 선으로 표시해 주는 것처럼 코드 오류를 표시해 주기도 한다.

소프트웨어 개발자 줄리아 리우손(Julia Liuson)은 마이크로소프트가 1997년 비주얼 스튜디오의 첫 버전을 출시한 이후, 계속 설계의 중심 역할을 해 왔다. 리우손은 초급 개발자에서 시작해 팀장을 거쳐 부서장, 마이크로소프트의 비주얼 스튜디오 담당 부사장까지 승진한 입지전적 인물이다. 리우손은 사용자 인터페이스 설계부터 통합 테스트 도구 개선까지 비주얼 스튜디오와 관련된 모든 것을 총괄한다.

리우손은 중국에서 미국으로 건너와 워싱턴대학교에서 전기 공학을 공부했다. 1992년 마이크로소프트에 입사했을 때, 리우손은 직원 100명이 있는 사무실에서 유일한 여성이었다. 리우손이 마이크로소프트에 처음 들어와 겁을 먹은 것은 당연한 일이었다. 리우손은 이해할 수 없는 단어를 자주 사용하는 한 팀원 때문에 스트레스를 받았다고 회상했다. 처음에는 "내 어휘 실력이 부족해서 무슨 말을 하는지 모르는 거야."라고 생각하며 스스로를 책망했다. 그러다 다른 미국인 동료도 못 알아들은 게 아닌지 의심하기 시작했다. "용기가 필요했지요. 그 팀원을 향해 '원어민이 아니라 그런데, 그 단어가 무슨 뜻인지 설명해 주시겠어요?'라고 말해야 했으니까요." 리우손이 그렇게 묻자, 다른 사람들도 그 단어를 알지 못했다며 앞다퉈 고백했다.

어릴 때 리우손은 기술 분야에서 여성을 위해 마련된 프로그램은 가급적 피했다. 소프트웨어 개발자라는 말 앞에 '여성'이라는 단어가 붙는 걸 원하지 않았기 때문이다. 이제 회사의 부사장으로서 리우손은, 다양성을 포용하는 문화를 자신이 만들어 가야 한다고 여긴다. 리우손이 훌륭한 프로그래밍 도구와 작업 환경을 만들어 개발자들을 지원하는 이유도 그 때문이다.

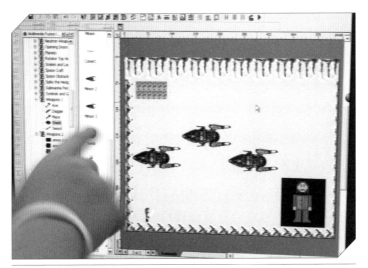

이언 버그먼(Ian Bergman, 10세)이 자신이 만든 게임 '스플리 체이스 트루 타임(Splee Chase thru Time)'을 보여 주고 있다. 버그먼은 캘리포니아 어바인대학교가 어린이를 위해 마련한 코딩 캠프에서 이 게임을 만들었다.

시뮬레이터부터 롤플레잉 판타지 게임까지 모든 게임은 사용자 입력을 허용하고, 그래픽을 표시하고, 캐릭터를 애니메이션화한 다. 또한 충돌을 감지해야 하고, 연기는 피어오르고, 떨어뜨린 물 체가 아래로 떨어져야 한다. 이처럼 게임 세계에서 중력을 다시 창조하려면 물리학에 대한 상당한 이해가 필요한데, 사실 고급 물리학을 이해하는 개발자는 많지 않다. 게임 엔진은 개발자를 위해 이런 수학 문제를 대신 해결함으로써 개발자가 지구의 중력 을 재현하거나 우주 공간을 시뮬레이션할 수 있게 해 준다. 또한 개발자가 애니메이션, 음향 효과, 온라인 플레이, 메뉴, 게임 수준을 다룰 수 있도록 도와준다. 유명한 게임 개발자도 유니티^{Unity}와 언리얼^{Unreal} 같은 무료 게임 엔진을 사용해 게임을 만든다.

API: 응용프로그램 인터페이스^{API}는 어댑터처럼 작동한다. 서로 관계없는 회사가 각기 다른 언어로 만든 프로그램이더라도 API는 두 개의 소프트웨어를 연결할 수 있다. 우리가 스마트폰의 사진첩에서 복사한 사진을 인스타그램에 붙여 넣기 해서 포스팅할 때마다 우리는 API를 사용하는 것이다. 걸스후코드 프로그램에서 한 그룹은 세계 기후 정보 데이터 API를 사용해 헤어스타일을 제안하는 앱을 만들었다. 사용자가 우편 번호를 입력하면 프로그램이 그 지역의 일기 예보를 수집해, 습한 날에는 컬이 없는 차분한 헤어스타일을 제안한다.

API를 사용하면 독립 개발자가 만든 앱도 스냅챗, 트위터, 인스타그램 같은 인기 프로그램과 연결할 수 있다. 예를 들어, 개발자가 스냅챗 API를 사용해 앱을 만들 수 있다. 그러면 사용자는 스냅챗에 로그인해서 자신만의 이모티콘^{Bitmoji}을 불러오거나 스토리에 이모티콘을 공유할 수 있다.

이 도구를 모두 함께 사용하면 개발자들은 자신의 아이디어를 컴퓨터가 이해할 수 있는 언어로 쉽게 전환할 수 있다. API는 개발자들이 낮은 수준의 세부적인 일보다는 창의적인 목표에 집중하게 해 주고, 누구나 새로운 프로그래밍의 세계에 쉽게 뛰어들 수 있게 해 준다.

4장

데이터 관리와
알고리즘 설계

시리아에서 스타워즈의 팬이 늘어나던 시절, 디나 카타비^{Dina Katabi}도 우주의 모든 것을 연결하는 에너지인 '포스'라는 개념에 푹 빠졌다. 카타비는 "집에 앉아 있으면서도 포스를 느끼기 위해 집중하곤 했지요."라고 말했다. 그리 노력했지만 카타비는 한 번도 포스를 느끼지 못했다. 대신 지금은 MIT 교수로서, 무선 전파를 이용해 자신만의 포스를 만든다.

무선 전파는 물결이 물을 헤치고 나가는 것처럼 공기를 타고 흐른다. 이 보이지 않는 전파는 사람이나 물건과 충돌하면 반사되어 돌아온다. 카타비는 전파의 반사를 이용해 자신이 직접 볼 수 없는 것들을 인식할 수 있다는 사실을 깨달았다. 무선 전파를 탐지하는 건 쉬운 일이었다. 센서가 수집한 전파 데이터를 이해하기만 하면 됐다.

카타비는 전파가 한 번만 반사되는 게 아니라고 설명했다.

디나 카타비(왼쪽)가 줄리어스 제나카우스키 미국 연방통신위원회(FCC) 의장과 하리 발라크리슈난 MIT 교수와 이야기를 나누고 있다.

"전파는 복합적으로 반사를 일으키지요. 동일한 신호가 내게 반사된 다음, 다시 여러분에게 반사되고, 또 다시 천장으로, 그리고 바닥으로 반사돼요. 우리는 그런 혼란스러운 반사를 이해하려고 노력했어요."

카타비의 팀은 반사된 신호로부터 나오는 뒤죽박죽 혼란스러운 데이터를 풀어서 구분해 주는 프로그램을 개발했다. 박쥐와 돌고래가 음파 탐지 신호를 이용해 '앞을 보는 것'처럼 카타비는 전파를 발사하고 그 반사를 감지하는 기기를 사용해 사물의 움직임을 포착한다.

"무선 신호는 놀라운 생명체예요."라고 카타비는 말한다. "당신이 무선 신호를 조종하는 방법을 안다면, 아주 미세한 움직임까지 포착할 수 있을 거예요." 카타비는 그 방법을 분명히 알고 있다. 카타비가 개발한 소프트웨어는 사람의 위치, 움직임, 심박수, 호흡, 수면 단계 등을 감지할 수 있다. 또한 투시력처럼 어둠 속에서도 작동할 뿐 아니라 수집한 데이터를 사용해 벽을 투시할 수도 있다.

카타비는 해마다 수백만 명씩 발생하는, 노인 낙상 환자를 돕기 위한 시스템을 만들었다. 카타비가 개발한 소프트웨어는 노인이 갑자기 넘어지는 것을 감지하면 간병인에게 문자를 보내거나 구급차를 부른다. 카타비가 만든 시스템은 또한 노인의 생활을 추적해 과거의 호흡, 활동 수준, 심박수, 수면 패턴의 변화를 알아낸다. 심장병이나 폐 질환이 있는 사람은 병의 징후를 미리 발견하고, 심각해지기 전에 치료받을 시간을 버는 것이 매우 중요하다.

카타비의 프로그램은 무선 전파를 사람의 상세한 동작 화면으로 바꾸기 위해 엄청난 양의 데이터를 처리한다. 물론 이런 소프트웨어의 개발만 어려운 것이 아니다. 개발자들은 컴퓨터가 처리하고 저장하는 모든 정보를 데이터로 정의한다. 프로그램이 무엇을 하든, 혹은 얼마나 복잡하든 데이터를 관리하고 조작하는 핵심 기능은 같다.

데이터는 어디에나 있다

프로그램에 중심이 되는 데이터는 비교적 뚜렷하다. 온라인 쇼핑 프로그램은 가격과 재고 수량 같은 판매 품목에 관한 데이터가 필요하다. 의료 보험 프로그램은 환자가 받은 의료 서비스와 서비스 비용에 대한 데이터가 필요하다. 비디오 스트리밍 앱은 수많은 압축 데이터를 해독해 픽셀의 색과 위치에 관한 정보로 변환하고, 변환된 데이터를 화면에 표시한다. 카타비의 기기는 무선 전파 데이터를 가져다가 사람의 동작에 관한 정보로 바꾼다.

프로그램은 또 몇 가지 놀라운 데이터를 수집(또는 생성)한다. 유통 플랫폼의 소프트웨어는 소비자가 검색하는 모든 품목, 소비자가 최근에 판매 프로모션 이메일을 열어 보았는지에 대한 데이터를 수집할 수 있다. 건강 보험 소프트웨어는 환자 정보를 요청한 모든 곳을 기록하고, 의사나 병원과의 데이터 교환을 문서화한다. 이런 정보를 가지고 회사는 환자의 개인 의료 정보에 접근하려는 무단 시도를 찾아낼 수 있다.

반복 정보를 최소화하는 데이터 정규화

재미있는 앱이나 게임의 소프트웨어 설계도 데이터 관리와 밀접한 관련이 있다. 포트나이트, 리그 오브 레전드, 월드 오브 워크래프트 같은 멀티플레이어 게임은 다음과 같은 정보를 저장해야

검색 기술 익히기

웹을 검색할 때 약 60%는 한두 단어만 사용한다. 간단한 검색은 한두 단어로도 돌아가지만 검색 범위가 지나치게 넓어진다. 예를 들어, 베이스(bass) 기타를 찾는 뮤지션을 전혀 관계없는 농어(bass) 낚시 웹사이트로 안내할 수도 있다. 그러나 고급 검색 기술을 사용하면 원치 않는 결과를 걸러낼 수 있다.

아래의 검색 전략을 사용해, 결과에 어떤 영향을 미치는지 확인해 보자. 좋아하는 연예인부터 케이크 조리법까지 무엇이든 찾을 수 있다(두 검색어를 합칠 수도 있다. '비욘세 케이크 조리법'을 검색하면 비욘세가 딸을 위해 만든 6단 생일 케이크의 조리법이 나온다).

기술	사례	결과
더 많은 키워드를 쓴다.	'베이스' 대신 '전자 베이스 리뷰'로 검색한다.	'베이스'로 검색하면 8억 8000만 개가 나온다. '전자 베이스 리뷰'로 검색하면 1억 9000만 개로 줄어든다.
원치 않는 단어 앞에 마이너스 표시를 한다.	베이스 - 물고기	'베이스'라는 단어는 있지만 '물고기'라는 단어는 없는 웹사이트를 보여 준다.
OR을 넣어 찾으려는 대상과 보다 정확하게 일치하는 단어를 쓴다.	중고 전자 베이스 OR 중고 전자 기타	중고 전자 기타나 베이스에 대한 정보가 있는 웹사이트를 보여 준다.
누락된 단어의 자리를 * 로 표시한다.	중고 * 베이스	중고 업라이트 베이스나 중고 빈티지 베이스 같은 용어가 있는 웹사이트를 보여 준다.

한다.

- 각 플레이어의 로그인 날짜 및 시간
- 시간에 따른 캐릭터 레벨, 능력치 및 HP의 변화
- 현재 및 과거 동맹군의 세부 사항
- 모든 움직임의 시작점, 끝점, 경로 및 지속 시간
- 다른 캐릭터나 객체와 접촉한 장소 및 지속 시간

포트나이트는 2018년에 게이머가 무려 1억 2500만 명에 달

사이트 블랙리스트

방문자의 개인 정보를 훔치는 악성 코드를 설치하게 하거나, 원치 않는 팝업 광고를 띄우거나, 해커들이 방문자의 컴퓨터에 접속할 수 있게 덫을 놓은 웹사이트가 있다. 구글은 그런 사이트로부터 사람들을 보호하기 위해 비영리 단체 스탑배드웨어(StopBadware)와 손잡고, 위험 사이트의 블랙리스트를 관리한다. 사용자가 위험 사이트 중 하나를 방문하면 구글은 '이 사이트가 당신의 컴퓨터에 해를 끼칠 수 있습니다.'라는 메시지를 표시한다.

이러한 경고가 제대로 뜨려면, 구글과 스탑배드웨어는 어떤 사이트가 위험을 내포하고 있는지 정확한 데이터가 있어야 한다. 전 세계적으로 웹사이트 수가 18억 개 넘는 상황에서, 블랙리스트에 오른 사이트의 데이터베이스를 계속 업데이트하는 것은 매우 힘든 작업이다. 2009년에 한 구글 직원이 '/' 기호를 위험 사이트 목록에 추가하는 실수를 저질렀다. 전 세계의 웹사이트가 대부분 이 기호를 포함하기 때문에 오류를 찾아내기 전 40분 동안, 구글은 인터넷 전체를 안전하지 않다고 표시했다.

했다. 이것은 그만큼 많은 데이터를 저장해야 한다는 것을 뜻한다. 스프레드시트 같은 기본 도구로는 속도나 용량에서 그 정도 데이터를 처리할 수 없다. 개발자가 데이터베이스를 정확하게 설정하지 않으면 프로그램 속도가 아주 느려지거나 너무 많은 저장 공간을 차지하게 된다.

수억 명의 고객을 보유한 아마존 같은 회사는 정보 수집과 저장을 매우 중요하게 여긴다. 아마존은 고객이 무엇을 검색했는지, 어떤 물건들을 비교했는지, 어떤 걸 샀는지, 물건을 살 때마다 얼마나 걸렸는지, 결제 수단은 무엇인지, 어떤 배송 방법을 택했는지, 반품은 얼마나 자주 했는지, 고객 리뷰는 어땠는지, 심지어 전자책 단말기 킨들에서 어떤 단어에 자주 형광펜 기능을 썼는지 등 고객의 행동을 모두 가상으로 추적한다.

아마존은 하나의 거대한 스프레드시트에 이 모든 데이터를 배열해, 고객이 조회하는 각 항목에 표를 만들고 새로운 줄을 추가한다. 오른쪽 표는 고객 행동을 추적한 몇 개의 열만 스프레드시트로 보여 준 것이다. 실제 스프레드시트는 수천 개의 열과 수조 개의 줄이 있을 수 있다.

아마존 고객은 수년간 수천 개의 상품을 조회했을 것이다. 고객들의 이름, 주소, 연락처를 각각 수천 개의 행에 나열하는 것은 많은 저장 공간을 낭비한다. 정보를 계속 반복하면 업데이트와 수정도 어렵다. 만약 제인 도가 2001년생인데 첫 구매 시에 실

이름	성	생년월일	주소	연락처	결제일	상품번호	조회시간	수량	결제 수단
제인	도	2011/07/01	오크가 123번지	123-456-7890	19/10/23	125730	12:30	1	비자카드 1234
제인	도	2011/07/01	오크가 123번지	123-456-7890	19/10/23	257103	12:32	4	비자카드 1234
제인	도	2011/07/01	오크가 123번지	123-456-7890	19/10/24	967234	12:40	0	
후안	가르시아	1972/01/01	엘름로 321	987-654-3210	18/11/04	190375	07:14	1	상품권5678
후안	가르시아	1972/01/01	엘름로 321	987-654-3210	18/11/04	089264	07:17	3	상품권5678
후안	가르시아	1972/01/01	엘름로 321	987-654-3210	18/11/04	375103	07:23	1	비자카드 9999

수로 2011년생이라고 입력했다면 무슨 일이 벌어질까? 아마존이 모든 데이터를 하나의 거대한 스프레드시트에 저장했다면, 제인 도가 지금까지 조회한 모든 상품에 대한 행마다 생년월일을 수정해야 할 것이다. 그렇게 수정하는 것은 시간 낭비일 뿐 아니라 수천 번의 잘못 표시된 날짜 중 몇 개를 빠트리는 경우도 생긴다. 그러면 아마존은 결국 실수 투성이의 거대한 스프레드시트를 갖게 될 것이다.

그래서 개발자는 반복 정보를 피하기 위해 데이터베이스를 설계한다. 하나의 거대한 스프레드시트를 만드는 대신 고객표,

주문표, 배송표 등과 같은 여러 개의 별도 표를 만든다. 제인 도의 식별 정보는 고객표에 있는 한 줄에 단 한 번 저장되기 때문에 생년월일을 수정하는 것도 한 번만 하면 된다. 반복 정보를 최소화하는 데이터베이스를 '정규화된 데이터베이스'라고 한다. 단일 스프레드시트보다 복잡하지만 저장 공간이 작게 들고 업데이트하기도 쉽다.

표 사이의 관계를 시각화하기 위해 개발자는 도표를 만든다. 오른쪽 도표에서 박스는 표를 나타내며 표 안에 모든 변수 목록이 포함된다.

박스를 연결하는 선은 표 사이의 관계를 보여준다. 이 단순 도표는 정규화된 판매 데이터베이스의 기본 구조를 보여준다. 판매 상품에 대한 세부 사항은 상품표에, 고객에 대한 세부 사항은 고객표에 들어간다. 주문 상품에 대한 정보는 주문 내용표에 들어 있으며, 주문표에 연결된다. 주문표에는 주문 일자와 같은 해당 주문의 고유 정보가 저장되어 있으며, 배송표와 결제표에 연결된다.

개발자는 공유 식별 변수를 사용해 표를 연결한다. 여기서는 고객 ID 변수가 이름과 주소를 고객표에서 주문표에 저장된 구매로 연결한다.

표가 연결되어 있기 때문에, 기업에서는 데이터베이스 쿼리

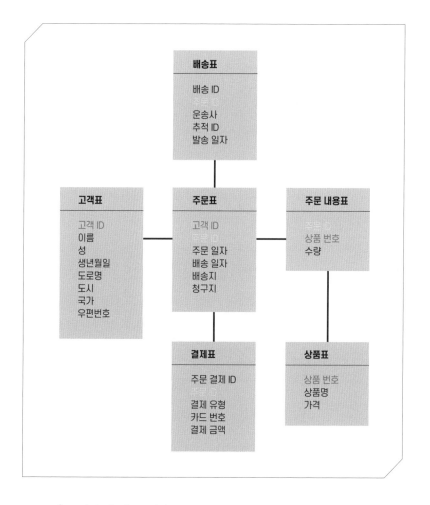

배송표

배송 ID
주문 ID
운송사
추적 ID
발송 일자

고객표

고객 ID
이름
성
생년월일
도로명
도시
국가
우편번호

주문표

고객 ID
주문 번호
주문 일자
배송 일자
배송지
청구지

주문 내용표

주문 ID
상품 번호
수량

결제표

주문 결제 ID
주문 번호
결제 유형
카드 번호
결제 금액

상품표

상품 번호
상품명
가격

query*를 사용해 각종 데이터 조합 보고서를 만들 수 있다. 또 청소년과 성인이 구매하는 물건의 차이점을 분석하거나, 사람들이 같이 구매하는 상품을 찾거나, 지역별 평균 배송 시간 등을 추적할

***쿼리:** 데이터에 저장된 정보를 필터링하기 위한 질문.

수도 있다.

알고리즘이 문제를 해결하는 법

데이터를 관리하는 것은 중요한 일이긴 하지만, 한계가 있다. 프로그램이 문제를 해결하거나 어떤 작업을 수행하려면 데이터를 활용해야 한다. 이를 위해 개발자들은 프로그램에 지시하는 단계별로 정돈된 지침, 즉 알고리즘algorithm을 필요로 한다. 알고리즘은 컴퓨터에 새롭거나 특이한 개념은 아니며, 모든 지침이 순서에 따라 수행되는 점이 중요하다. 가장 오래된 알고리즘 기록은 긴 나눗셈의 단계를 설명하는 4000년 된 점토판이다. 쿠키 조리법도 디저트를 만드는 알고리즘이라고 할 수 있다. 마찬가지로 도로 표지판도 경로를 탐색하는 알고리즘이다.

대부분 프로그램은 각각의 알고리즘 여러 개를 함께 엮는다. 이메일을 도착 시간별로 분류하는 것같이 간단한 문제를 해결하는 알고리즘도 있고, 어느 이메일이 중요한지를 판단하는 것같이 복잡한 문제를 해결하는 알고리즘도 있다.

글로벌 물류 회사 UPS에서 사용하는 내비게이션처럼, 많은 알고리즘이 컴퓨터의 힘과 속도 없이는 해결할 수 없는 문제를 해결해 준다. 세계적으로 UPS 운전자들은 매일 2000만 개 이상의 소포를 배달하는데, 한 사람이 평균 120곳을 배달한다고 한다.

워드에 숨어 있는 정보

문서 작성 프로그램이 저장하는 데이터는 화면에 표시된 텍스트보다 훨씬 많다. 실제로 MS 워드 문서를 저장하는 .docx 확장자 파일은 수많은 폴더와 파일이 들어 있는 압축된 그릇과 같다. 그릇 내부를 보려면 문서 이름의 .docx 확장자 부분을 .zip으로 변경한 다음, 마우스 오른쪽 버튼을 클릭해 폴더의 압축을 푼다. (이 작업을 진짜 해 보려면 파일 원본이 아닌 복사본을 사용하자!)

압축을 푼 워드 문서에는 '_rels'라는 폴더가 있는데, 여기에는 .docx 파일들 사이의 관계를 자세히 설명하는 데이터가 들어 있다. 'docProps' 폴더에는 문서 작성에 참여한 모든 사용자와 문서를 수정한 시기를 보여주는 파일이 들어 있다. 문서의 표절을 검사하는 선생님이라면 이 숨겨진 정보를 사용해 학생이 숙제를 혼자 힘으로 했는지 확인할 수 있다. 법의학자도 비밀리에 수정된 파일을 찾기 위해 이 방법을 사용한다.

또 다른 폴더에는 글꼴, 레이아웃, 철자 및 문법 오류, 이미지 및 이전 버전 등에 대한 정보가 저장되어 있다. 'document.xml'이라는 파일에는 문서의 텍스트에 포맷 방향이 함께 표시되어 있다. XML은 텍스트 표시를 조절하기 위해 사용되는 마크업 언어(markup language)인데, 메모장 같은 텍스트 편집기를 사용하여 .xml 파일을 볼 수 있다.

화면에 XML 마크업 언어가 떠 있다. 코드를 편히 읽고 요소를 구별하기 위해 많은 소프트웨어 프로그램이 자동으로 색을 적용한다.

칫솔질 알고리즘 만들기

좋은 알고리즘을 만드는 것은 코딩 기술보다는 컴퓨팅 사고를 얼마나 잘하느냐에 달려 있다. 이에 대한 감각을 얻기 위해, 이를 닦는 데 관련된 모든 단계가 빠지지 않고 들어 있는 칫솔질 알고리즘을 만들어 보자. 다른 사람이 각 단계를 따라해 보도록 테스트도 해 보자.

연습 활동 답안

칫솔질 알고리즘 일부

1. 세면대를 마주보고 서서 세면대 손잡이에 손이 닿을 수 있을 만큼 접근한다.
2. 세면대 찬장을 열고 칫솔과 치약을 꺼낸다.
3. 오른손으로 치약을 집는다. 왼손으로 치약 뚜껑을 시계 반대 방향으로 돌려 연다.
4. 치약 뚜껑을 내려 놓는다.
5. 왼손으로 칫솔 손잡이를 잡고, 솔 부분을 위로 향하게 한다.
6. 칫솔 솔 부위가 치약 구멍에 거의 닿을 정도로 이동시킨다.
7. 치약 튜브를 세게 짜서 칫솔에 1/3 정도 치약이 나오게 한다.
8. 짜기를 멈춘다.
9. 치약을 내려놓는다.
10. 오른손으로 수도꼭지를 시계 방향으로 돌려 물을 튼다.
11. 치약이 있는 부분을 위로 해서 칫솔을 물줄기에 통과시킨다.
12. 오른손으로 수도꼭지를 시계 반대 방향으로 돌려서 물을 잠근다.
13. 칫솔 손잡이를 잡은 손을 왼손에서 오른손으로 바꾼다.
14. …

알고리즘을 설계하려면 모든 단계를 고려해야 한다. 이 사례에서는 칫솔을 준비하는 데 만 13단계가 걸렸다. 한 단계라도 빼먹거나 정확하게 따르지 않는 경우, 찬장 앞에서 막히거나 바닥에 치약을 뱉게 될 것이다.

이와 같은 엄청난 양의 소포를 배달하는 경로의 수는 천문학적이기 때문에, 효과적인 배달 노선을 계획하는 일만 며칠이 걸릴 수 있다. 10곳에 배달해야 할 경우에 가능한 경로는 362만 8800가지나 된다! 120곳이라면 가능한 경로는 "지구의 나이를 나노초*로 환산한 것보다 많죠."라고 UPS 공정관리 담당 이사는 말한다.

컴퓨터도 엄청난 경우의 수를 모두 계산할 수 없기 때문에, UPS는 4년에 걸쳐 경로를 신속하게 찾을 수 있는 내비게이션 지도 알고리즘을 개발했다. 새 프로그램은 기존 소프트웨어와 비교해 배송 거리를 1억 6000만 킬로미터나 줄여 주었고, 매년 약 4400억 원을 절감하게 해 주었다.

속도가 필요해

과학자들이 동물을 100만 종으로 분류한 사실을 고려하면, 한 사람이 떠올린 동물을 알아맞히는 게임은 꽤 오래 걸릴 수 있다. 멕시코산 도롱뇽 앞에서 코끼리를 헤아리는 것처럼 경험을 바탕으로 추측할 수도 있지만, 그것도 만만찮은 일이다. 여기에서 '예, 아니요'로 답할 수 있는 질문을 던지는 스무고개 방식을 사용하면 추측이 훨씬 쉬워진다.

상대방이 생각하는 동물을 추측하기 위해 상대방에게 묻는

*1나노초는 1초의 10억분의 1이다.

질문들은 동물 식별 알고리즘과 유사하다. 경험 있는 게임 참가자들은 몇 가지 질문만으로도 상대방이 생각하는 동물을 정확하게 맞힐 수 있다. "포유류입니까?" 또는 "육지에 살고 있는 동물입니까?" 같은 질문을 하면서 많은 수의 동물을 배제할 수 있기 때문이다. 어린이는 대개 "녹색 동물입니까?" 같은 비효율적인 질문을 하기 때문에 알아맞히는 데 시간이 더 걸린다.

이와 같이 알고리즘이 모두 똑같이 잘 작동하는 것은 아니다. 잘못 선택한 질문은 무작위로 추측하는 것보다야 낫지만 잘 선택한 질문만큼 효과적이지 못하다. 스무고개 놀이를 하면서 시간을 보내는 상황이라면 알고리즘이 비효율적이어도 큰 문제가 되지 않겠지만, 컴퓨터 프로그램에서 작동하는 알고리즘이 비효율적이라면 프로그램이 짜증날 만큼 느려질 것이다.

대개 직관적으로 작용하는 알고리즘은 대형 데이터 세트로 실행할 수 없다. 예를 들어, 책 한 무더기를 저자의 이름에 따라 알파벳순으로 정리한다고 해 보자. 책꽂이 왼쪽부터 오른쪽까지 책을 한 권씩 훑어본 다음에야, 순서에 따라 책을 제자리에 넣을 수 있다. 책을 순서대로 정리하려면 책꽂이를 처음부터 끝까지 한 번은 훑어야 한다. 정확한 순서를 찾기 위해 매번 책 무더기의 절반은 훑어야 할 것이다. 책이 많지 않으면 이 방법이 효과적이겠지만, 아마존 사이트에는 거의 5000만 권이 있다. 사이트의 책을 저자의 이름별로 정렬하려면, 프로그램의 알고리즘은 5000만

권 데이터 전체를 훑어야 한다. 한 번 훑을 때마다 평균 2500만 권을 스캔해야 한다.

개발자들은 비록 덜 직관적이지만 더 효율적인 합병 정렬 알고리즘merge sort algorithm으로 이 문제를 해결했다. 저자의 이름별로 책을 정렬하기 위해, 합병 정렬 알고리즘은 이름을 무작위의 쌍으로 선택해 그 쌍에서 알파벳순으로 정렬한다. 다음에는 정렬된 쌍 두 세트를 한꺼번에 알파벳순으로 정렬해, 알파벳순으로 정렬된 그룹 4개를 만든다. 각 단계에서 알고리즘은 한 번에 두 세트를 분류하기 때문에 데이터를 세 번 통과하면 알파벳순으로 정렬된 그룹 8개가 생성되고, 네 번 통과하면 그룹 16개가 생성된다.

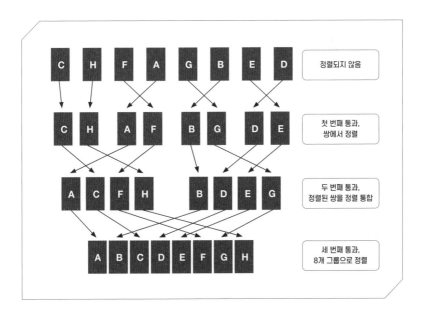

스무고개 알고리즘 만들기

친구에게 '네, 아니요'로 답할 수 있는 질문을 해서 당신이 어떤 동물을 생각하는지 알아 맞히도록 해 보자. 질문이 가는 길을 그려 보자. 가능하다면 어린이와 해 보자. 동물 스무 고개에서 어린이의 접근 방식은 어떻게 다른가? 어떤 방식이 가장 효과적인가?

그런 다음, 자신만의 동물 스무고개 알고리즘을 설계해 보자. 시작 질문을 선택해 보자. 첫 번째 질문에 대한 '네, 아니요' 답에 이어질 다음 질문도 결정한다. 동물을 가능한 빨 리 맞히려면 필요한 가지 뻗기식 질문들로 흐름도가 완성될 때까지 계속 진행해 보자.

연습 활동 답안

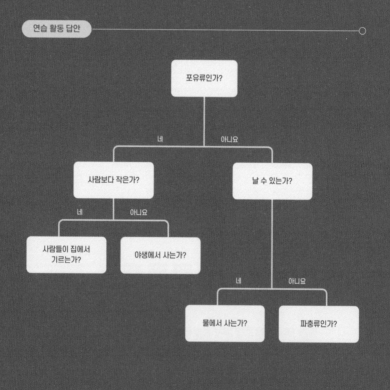

이런 방식으로 아마존은 데이터를 5000만 번이 아니라 26번 통과해서 전체 책을 정렬할 수 있다.

알고리즘이 지배하는 온라인 세계

알고리즘은 사람들이 보는 광고부터 검색 결과까지, 온라인에서 일어나는 거의 모든 것에 관여한다. 훌륭한 판매 알고리즘은 엄청난 이익을 낳기 때문에 기업들은 마케팅과 가격 책정 알고리즘을 영업 비밀로 보호하기도 한다.

유통 플랫폼들은 고객의 데이터를 알고리즘에 입력하여 광고를 최적화하고, 고객 맞춤형 품목 및 가격을 보여 준다. 미국 슈퍼마켓 체인 타깃의 알고리즘은 고객의 구매 이력을 이용해 개별화된 쿠폰팩을 만든다. 아마존의 알고리즘은 고객의 검색 이력, 구매 이력, 위시 리스트 목록, 거주 지역, 리뷰 내역 등을 이용해 화면에 표시할 품목을 결정한다. 우편 번호와 구매 이력을 토대로 구매력이 있는 고객의 화면에는 비싼 제품이 표시되고, 할인 품목을 찾는 저소득층 지역에 사는 고객의 화면에는 기본 상품이 표시되는 식이다.

유통 플랫폼들은 가격 책정 알고리즘 덕분에 제품을 가능한 한 비싸게 팔 수 있다. 항공료 가격 책정 알고리즘은 요일, 시간, 고객의 우편 번호에 따라 가격을 바꾼다. 여행 계획 사이트인 오르비츠는 비싼 컴퓨터로 접속한 사람에게 더 비싼 요금을 보여 준다. 우버나 리프트 같은 승차 공유 앱은 수요가 급증하면 요금 이 상승하는, 이른바 탄력 요금 알고리즘을 사용한다. 비 오는 날 이나 콘서트 끝난 후처럼 이용자가 몰리는 상황에는 더 높은 가 격을 내야 한다. 온라인의 가변적 가격 책정 알고리즘은 가장 잘 팔리는 품목이나 인기 있는 시간대에는 가격을 자동으로 인상한 다.

잘못 설계된 가격 책정 알고리즘은 문제를 일으킬 수 있다. 경쟁하는 두 서점이 판매가를 서로 비슷하게 맞추기 위해 알고리 즘을 쓰고 있었다. 그런데 한 서점이 다른 서점의 가격보다 조금 높은 정도로 매일 가격을 고쳤다. 그러자 다른 서점도 그 서점의 가격을 기준으로 매일 가격을 재설정했다. 알고리즘은 상식적으 로 생각하지 못하고 설계된 대로만 작동한다. 결국 두 서점의 판 매가는 계속 치솟아, 약 4만 원짜리 책이 265억여 원으로 올라 버 렸다. 당연히 두 서점 모두 그 가격에 책을 팔지 못했다.

유통 플랫폼들은 고객이 돈을 더 많이 쓰도록 알고리즘을 설계하지만, 고객도 자신에게 유리하게 알고리즘을 이용할 수 있 다. 온라인 장바구니에 밤새 물건을 담아 두면 가격이 떨어질 수 있다. 한밤중에 쇼핑하면 물건을 더 싸게 살 수 있다. 그때는 물 건을 사는 사람이 줄기 때문에 알고리즘이 더 많은 사람이 사도 록 가격을 떨어뜨린다는 사실을 이용하는 것이다.

알고리즘은 웹 검색의 결과도 결정한다. 검색 알고리즘은 복잡한 공식으로, 다음과 같이 수백 가지 요인을 토대로 웹페이지에 순위를 매긴다.

검색 엔진은 색인 엔진

구글이나 빙 검색창에 키워드를 입력한다고 해서 이것이 실제로 전 세계 18억 개 이상의 웹사이트를 검색하는 것은 아니다. '검색 엔진'이라는 말은 사실 정확한 용어가 아니다. 구글만 해도 초당 4만 건의 검색 요청을 받는다. 검색 요청이 들어올 때마다 어느 웹페이지와 관련 있는지를 알아보기 위해 인터넷 데이터 전체를 검색해야 한다면 그 검색 엔진은 느릴 수밖에 없다. 따라서 검색 엔진은 미리 사이트를 색인화해서, 인터넷에서 쓸모 있는 데이터만 관리한다.

책을 읽을 때 색인으로 책 속의 정보를 쉽게 찾는 것처럼, 구글의 색인은 검색 엔진이 유용한 결과를 쉽게 불러오도록 돕는다. 구글의 색인에는 '모든 웹페이지에서 보이는 모든 단어에 대한 입력(an entry for every word seen on every webpage)' 항목이 있기 때문이다. 또한 검색 엔진은 대부분의 검색에 대한 답을 미리 준비해 놓음으로써 검색 속도를 높인다. 2017년, 사람들이 가장 많이 질문한 검색어는 슬라임 만들기, 밖에서 따로 만나(Cash me outside)*, 태풍 어마, 데스파시토** 등이 있는데, 사람들이 이런 주제로 검색하면 검색 엔진은 미리 분류해 놓은 관련 웹사이트 목록이 검색되도록 했다.

---

*밖에서 따로 만나: 미국의 TV 상담 프로그램 닥터 필(Dr. Phil)에 출연한 소녀가 으스대며 "밖에서 따로 만나는 게 어때?(Catch me out side how about that?)"라고 말한 게 발음대로 변형되어 유행.

**데스파시토: 푸에르토리코의 가수 루이스 폰시가 부른 노래. 한국의 '강남 스타일'과 더불어 비영어권 노래로 세계적 인기를 얻었다.

스팸과 싸우는 알고리즘

2018년에 스팸 메일은 하루 140억 통으로 전체 발송된 메일의 절반가량 차지했다. 스팸을 걸러 내는 알고리즘이 없었다면, 효과가 의심스러운 약 광고나 부자가 되는 법 같은 메일이 받은 편지함에 넘칠 것이다. 그런 쓰레기 메일을 보는 건 시간 낭비에다가, 운이 나쁘면 사기에 휘말릴 수도 있다.

블랙리스트에 오른 이메일 주소에서 보낸 메일이나 블랙리스트에 오른 웹사이트에 연결되는 것은 스팸 필터로 쉽게 막을 수 있다. 그러나 안타깝게도 스팸 필터의 차단 효과는 그리 오래 가지 않는다. 스팸 메일을 보내는 사람들이 새로운 주소를 만들고, 웹사이트를 새로 개설하기 때문이다.

그런 경우를 고려해, 개발자들은 수백 개의 요인을 기준으로 이메일에 점수를 매겨, 높은 점수를 받은 메일을 바로 스팸함으로 보내는 알고리즘을 만들었다. 이러한 스팸 제거 알고리즘은 다음과 같은 메일에 스팸 표시를 한다.

- '나이지리아 왕자(Nigerian prince)'나 '당장 떼돈 벌기!!!(Rake in Ca$h now!!!)' 등 정상적인 메일에서 안 보일 법한 구절을 표시한 메일
- '지금 구매!(Buy now!)'를 '지 금 구 매!(B U Y N O W!)'처럼, 스팸 필터를 빠져나가기 위해 글자 간격을 이상하게 쓴 메일
- 감탄 부호, 달러 표시($), 플래시 효과가 들어간 글씨 등이 있는 메일
- 'AmazOn.com에 연결' 같은 속임수 표시가 있는 메일
- 이미지만 있는 메일(스팸이 텍스트 필터를 빠져나가기 위해 종종 사용)
- 상식적인 수를 벗어나 많은 수의 사람들에게 보낸 메일
- 수신인이 대부분 열지 않고 삭제하는 메일

어떤 스팸 필터도 완벽하지 않다. 어떤 메일은 스팸 필터를 그냥 빠져나가기도 하고, 정상적인 메일에 스팸 표시가 되기도 한다. 그래서 개발자들은 실수로부터 배우면서 스팸 필터를 설계한다. 받은 편지함에 스팸 메일이 들어오거나, 정상적인 메일이 스팸함에 들어간 경우에 사용자가 이를 알려 준다면 이후에 알고리즘은 유사한 메일을 처리하는 방법을 개선할 수 있을 것이다.

- 검색어가 얼마나 자주 보이는 웹페이지인가
- 평판 좋은 웹사이트가 얼마나 많이 링크된 웹페이지인가
- 웹페이지를 게시한 날짜
- 보안 프로토콜 준수 여부
- 웹페이지에 다른 사용자가 얼마나 자주 방문했는가

또한 검색 알고리즘은 사람들이 방문한 웹사이트, 현재 위치, 사람들이 스마트폰으로도 검색하기 때문에 모바일 전용 사이트가 필요한지 같은 개인별 요인도 고려한다.

예를 들어, '피자'라는 같은 단어를 검색해도 밤마다 피자를 주문하는 뉴욕 주민과 요리 블로그를 정기적으로 읽는 네브래스카 주민에게 다른 검색 결과(광고까지도)를 보여 준다. 검색 알고리즘은 검색 결과에 새로운 이슈를 반영하기 때문에, 해당 검색어와 관련된 오래된 이야기보다 최근의 은행 강도 사건을 다룬 속보를 먼저 표시한다.

사람들은 대부분 검색할 때 단어 몇 개만 입력하기 때문에, 검색 엔진은 제한된 정보를 가지고 사람들이 원하는 것을 예측해야 한다. 자연어* 알고리즘은 'bank'라는 단어가 돈을 맡기는 장소를 의미하는지, 둑이나 제방을 의미하는지 구분하는 것을 돕는다.

---

*__자연어__: 일상에서 의사소통할 때 쓰는 언어. 프로그래밍 언어와 구분하기 위한 정의.

문자 자동완성 기능 살펴보기

문자 앱은 예측 알고리즘을 사용해 단어를 쓰는 중간에 단어를 완성하거나 다음에 올 단어를 제안한다. 이러한 알고리즘은 사용자의 과거 메시지에 의존하기 때문에, 사람마다 다른 제안을 받는다. 다음의 문자 자동완성 게임은 예측 알고리즘이 어떻게 작동하는지를 보여 준다.

아래의 시작 문구 중 하나를 써서 친구에게 문자를 보내 보자.

내가 돈을 숨긴 곳은⋯
오래전 ⋯시절이
선생님이 내게 하지 말라고 한 것은⋯

그리고 문자 자동완성 기능이 제안한 내용 중 하나를 선택한다. 같은 문구를 여러 번 시도해 보고, 처음 선택이 다음 번 시도의 결과에 어떻게 영향을 미치는지 확인해 보자. 다른 사람에게 자신의 스마트폰으로 같은 시작 문구를 써서 문자를 보내도록 해 보자. 여러분이 쓴 메시지와 얼마나 다른지 비교해 보자.

시작 문구는 같지만, 두 가지 다른 결과가 나온다.

부모님의 스마트폰

오래전 아이들과 테니스 시합 연습을 하기 위해 차를 같이 타고 다니던 **시절이** 즐거웠지.

10대의 스마트폰

오래전 내가 학교를 그만두겠다고 했던 그 중요한 순간이 지금 생각하면 내게 나쁜 **시절만은** 아니었어.

예측 알고리즘은 비슷한 검색 기록, 개인의 검색 내역, 현재 위치 등을 토대로 자동완성 기능을 제공해, 더 쉽게 검색할 수 있도록 만든다. 구글은 자사의 자동완성 기능이, 인류가 매일 200년 동안 타이핑해야 할 만큼의 일을 줄여 준다고 주장한다.

이 같은 성공에 힘입어 구글은, 이메일 내용을 스캔해 답장을 제시하는 스마트 응답 기능을 만들었다. 예측 알고리즘을 더욱 적극적으로 적용한 것이다.

예를 들어, 저녁 식사에 초대하는 이메일에 대한 스마트 응답 기능은 "그럼요, 가고 말고요!"라거나 "참석 못 하게 돼서 미안해요." 중에 선택할 수 있다.

알고리즘은 개인의 반응 이력을 학습한다. 그래서 시간이 지나면서 사용자가 느낌표를 자주 쓴다든가, "대단해!" 대신 "멋져!"라는 표현을 즐겨 쓴다든가 하는 개인의 성향을 반영하기도 한다.

그러나 알고리즘이 문장의 뜻을 이해하는 게 아니기 때문에 스마트 응답 기능을 개발하는 것은 쉽지 않았다.

시제품 제작 단계에서, 저녁 식사에 초대하는 이메일에 대한 스마트 응답 기능은 계속해서 "사랑해."와 "휴대폰으로 답을 보냈음."이라는 문장을 선택했는데, 비즈니스 의사소통치고 훌륭한 답은 아니었다.

개발자들이 '코딩한다'고 말하는 건 프로그래밍 언어의 저단계 설계에 시간을 많이 쓴다는 뜻이지만, 실제로 개발자들은 데이터 관리와 알고리즘 설계 같은 더 높은 수준의 개념을 생각하는 데 시간을 많이 쓴다. 결국 코딩은 무턱대고 외우는 게 아니라 창조적인 노력이다.

5장   소프트웨어 심리학

개 발자는 문제를 가능한 가장 작은 요소로 쪼개서, 완벽한 로직logic으로 솔루션solution*을 만드는 방법을 배우는 데만 몇 년을 보낸다. 이런 접근법이 컴퓨터에 최선의 방향을 알려 주지만, 개발자는 사용자의 요구도 고려해야 한다. 사람들은 컴퓨터와 달리, 종종 비논리적이고 혼란을 느끼며 실수도 잘 저지른다. 개발자들이 이러한 인간의 특성을 고려하지 못하면 프로그램이 사람들을 좌절시키거나 심지어 해를 끼칠 수 있다.

구글에서 디자인 윤리학자로 일했던 트리스탄 해리스Tristan Harris는, 소프트웨어가 사람들에게 어떤 영향을 미치는지 이해하는 데 평생을 바쳤다. 그는 마술사 훈련을 받으면서 사람들의 주의력이 닿지 않는 지점을 조작해 환상을 이끌어 내는 법을 배웠다. 해리스는 이렇게 말한다. "사람들의 주의력 맹점이 어디 있는

---

*솔루션: 사용자의 요구에 맞춰 개발된 특정한 형태의 소프트웨어 패키지.

지를 안다면, 당신은 피아노 치는 것처럼 사람들을 조종할 수 있습니다. 나는 기술이 우리의 심리적인 취약점을 어떻게 노리는지 압니다." 이제 해리스는 중독성 강한 소프트웨어가 어떻게 인간 심리를 이용하는지를 전문적으로 연구한다.

트리스탄 해리스는 앱의 기능을 슬롯머신에 비교한다. 페이스북에 새 글이 올라왔는지, 인스타그램에 사진이 게시되었는지 시도 때도 없이 확인하는 습관에 젖어 있다면 당신은 앱을 슬롯머신처럼 사용하는 것이다. 새로운 글이나 사진을 보고 크게 반가워할 때도 있지만, 대부분 시간 낭비에 불과하기 때문이다.

스마트폰을 자주 확인하는 사람은 하루에 150번 정도 본다고 한다. 많은 사람이 같은 방에 있는 사람에게는 소홀하면서, 각종 할인 쿠폰이나 잘 알지 못하는 사람의 메시지나 사진에 정신이 팔려 알람음이 들리면 자연스레 스마트폰을 확인한다. 재빨리 훑어본다 해도 게시물을 스크롤 하다 보면 뜻하지 않게 시간을 쓴다. 해리스는 사람들의 그런 행동이, 삶의 진정한 우선순위를 반영하기보다 중독성 있는 소프트웨어 때문이라고 생각한다.

뜻밖의 순간에 예기치 않은 보상을 제공하는 상황이 사람으로 하여금 가장 중독에 빠지기 쉽게 한다. 도박 중독자들은 슬롯머신을 계속하는 한 언젠가 돈이 쏟아져 나온다고 생각하기 때문에 계속 레버를 당긴다. 스마트폰을 한 번 쳐다보는 건 슬롯머신 레버를 한 번 당기는 것과 같다. 신나는 일이 일어나는 경우는 거의 없지만, 가끔 좋아하는 사람으로부터 문자나 사진을 받거나 자신의 인스타그램 게시물에 '좋아요'를 많이 받는 경우도 있다.

앱을 만드는 회사들은 중독성을 최대한 이용해, 사용자에게 각종 사소한 이벤트를 알리는 알람음을 내도록 앱을 설계한다. 해리스는 이렇게 말한다. "모든 기술이 우리가 앞으로 사소한 일에도 시간을 내도록 어떻게 꼬실지를 우리 뇌에 물어보는 것처럼 보여요." 결국 앱은 맛있어서 거부하기 힘들지만 건강에는 좋지 않은 인스턴트 음식과 같은 존재가 되어 버렸다.

스마트폰에 계속 신경 쓰는 행동은 실제로 대가를 치르는 일이다. 심리학자들이 대학생 500명을 대상으로 스마트폰을 무음 모드로 설정해 놓고 각자 책상 위, 가방 안, 교실 밖의 세 장소에 두는 실험을 했다. 무작위로 분류했지만, 스마트폰을 교실 밖에 둔 학생들은 스마트폰을 아무 때나 볼 수 있는 (책상이나 가방에 둔) 학생들보다 기억력 테스트에서 더 높은 점수를 받았다. 스마트폰을 책상 위나 가방 안에 둔 학생들은 무음 모드 스마트폰이 주의를 산만하게 만든다는 걸 의식하지 못했지만, 집중력이 분명히 줄었다.

해리스는 개발자들이 주의력 조작 도구를 만드는 전략을 바꿔, 사용자가 스마트폰 화면에 정신을 파는 대신에 진정한 목표에 집중하도록 돕기를 바란다. 해리스는 개발자들이 그런 변화를 시도하는 것을 돕기 위해 인도적 기술개발 센터를 설립했다. 이 센터는 중독성 감소를 위해 다음과 같은 활동을 제안한다.

- 메시지가 도착할 때마다 알람음을 울리는 대신, 사용자가 선택한 시간에 일괄적으로 알려 주는 기능 설정
- 사람들이 의도한 시간보다 앱에 더 많은 시간을 소비할 때 알림 기능
- 일하거나 친구와 있을 때는 급하지 않은 메시지 알림을 늦추는 기능
- 하루 동안 앱을 열어 본 횟수 표시
- 클릭을 유도하는 광고보다 뉴스를 우선시하는 알고리즘 쓰기

앱의 중독성

이론적으로, 개발자들은 사람들에게 이익이 되는 소프트웨어를 만든다. 그러나 실제로는 많은 개발자가 자신에게 이익이 되는 앱을 만드는 것 같다. 앞에 언급한 중독성은 대개 설계부터 발생하기 때문이다. 유튜브, 페이스북, 스냅챗, 인스타그램 같은 회사는 광고를 게시하거나 사용자 데이터를 팔아 돈을 번다. 이런 회사들은 사람들이 앱에서 시간을 더 많이 보낼수록 돈을 더 많이 번다. 사용자들은 그런 앱을 무료로 쓰고 있다고 생각한다. 그러나 실제로 그런 앱은 앱 개발자 혹은 회사가 사용자의 관심을 팔

아서 이익을 얻는 제품에 불과하다.

페이스북은 이익을 극대화하기 위해 사용자에게 노출되는 광고와 게시물의 알고리즘을 계속 수정하고, 클릭이 가장 많은 광고 콘텐츠를 우선 표시하도록 조정한다. 유튜브나 넷플릭스와 같은 스트리밍 비디오 앱은 다음에 볼 비디오를 자동으로 재생해, 사용자를 계속 온라인에 잡아 놓는다. 이러한 영리한 접근 방식으로 사용자가 시청을 멈추기 번거롭게 만든다. 결국 시청을 멈추고 공부하거나 잠자리에 들려는 사람을 유혹해 비디오 한 편을 더 보게 만드는 것이다.

SNS 앱의 경우, 가입 절차부터 팔로워 숫자 표시까지 모든 설계에 심리 연구가 적용된다. 스냅챗은 사람들이 서로 연속으로 며칠이나 스냅(사진이나 동영상)을 보냈는지 날짜를 세는 스냅스트리크Snapstreak 기능을 만들어, 사람들이 매일 앱을 열도록 유인한다. 어떤 아이들은 스트리크 수를 유지하는 데 너무 매달려, 스마트폰을 쓰지 않을 때에는 친구들에게 대신 계정을 봐 달라고 부탁하기도 한다. 많은 아이들이 무슨 의무처럼 스트레스를 느끼면서도, 수백 명의 사람들에게 메시지를 보내는 것으로 하루를 시작한다.

SNS 앱은 연결과 승인에도 심리적 욕구를 이용한다. SNS 앱은 사용자에게 끊임없이 알림을 보냄으로써 사람들에게 놓칠지 모른다는 두려움을 안겨 준다. 알림을 무시하면 연결망에서

많은 사람들이 스마트폰에 매달려 있는 게 반사회적이라고 걱정하지만 SNS, 메일, 인터넷은 제약이 없는 새로운 방식으로 사람들을 연결해 준다. 이러한 끊임없는 연결이 주는 사회적·심리적 영향은 과학 연구의 뜨거운 주제가 되었다.

벗어나 혼자만 상황을 모르는 것 같은 느낌이 들게 만드는 것이다. 빨간색 사각형으로 생긴 스냅챗의 읽음 확인 표시는 수신자가 메시지를 보았는지를 보여 준다. 사람들이 메시지를 읽고 답하지 않는 건 무례하다고 여기기 때문에 수신자는 즉시 답해야 한다는 부담을 느끼게 된다.

그런 압박에 시달리는 건 성인도 예외가 아니다. 링크드인*은 사용자의 주변 사람들에게 초대 메일을 보낸다. 초대를 수락하면 링크드인은 회원이 된 또 다른 사용자에게 초대 메일을 보내라고 한다. 그런 요청이 또 다른 초대로 이어지면서 링크드인을 방문할 생각이 전혀 없던 사람들을 이끌어 낸다.

---

*링크드인: 세계 최대의 글로벌 비즈니스 인맥 사이트.

기업에겐 돈이 중요해

소프트웨어의 원래 수익 모델, 즉 소프트웨어로 돈을 버는 방법은 간단했다. 개발자들이 고객에게 소프트웨어를 직접 파는 것이었다. 물론 아직도 많은 회사가 모바일 앱을 스마트폰 사용자에게 몇천 원에 팔거나, 대기업에 수백억 원짜리 업무용 소프트웨어를 판매하는 방식을 따른다.

그러나 인간의 심리를 이용해 돈을 버는 복잡한 수익 모델도 있다. 기업들은 고객이 프리미엄 버전을 사도록 유도하기 위해, 기본 버전을 무료로 제공하는 프리미엄 모델 전략을 펼친다. 드롭박스는 무료 온라인 스토리지를 제공하고, 스카이프는 무료 비디오 통화를 제공하며, 스포티파이는 무료 스트리밍 음악을 제공한다. 이 회사들은 유료 계정으로 업그레이드하는 사용자에게 더 많은 공간, 더 다양한 기능, 광고 제거 서비스를 제공한다.

고객에게 업그레이드를 권장하는 판매 전략은 무료로 뭔가를 이용하는 것에 죄책감을 느끼는 사람들의 성향을 이용한다. 고객에게 프로그램으로 얻는 이익을 상기시키면서 그 대가로 개발자들을 지원해 줄 것을 요구한다. 물론 고객이 유료 계정으로 업그레이드하지 않더라도 회사는 여전히 이익이다. 수많은 무료 사용자가 회사 제품을 홍보해 주기 때문이다. 실제로 일부 프리미엄 버전은 SNS에서 앱을 홍보해 주는 대가로 무료로 업그레이드해 주기도 한다.

또 다른 수익 모델은 사람들이 별 생각 없이 소액의 돈을 충동적으로 쓰는 성향을 이용한다. 많은 무료 게임이 게이머가 가장 원하는 순간에 문제 해결의 단서나 여분의 생명을 1달러(1200원)에 판다. 이러한 소액 거래는 대개 등록된 신용 카드로 결제되기 때문에 돈 쓰는 느낌이 들지 않는다. 그러나 이런 작은 구매 하나하나가 다음 구매에 '결제하기'를 클릭하는 습관을 키우고, 한 번씩 쓰는 작은 돈은 결국 큰돈으로 변한다.

무료 게임도 엄청난 이익을 가져다 준다. 포트나이트는 게임 속 새로운 캐릭터의 스킨, 댄스 등 유료 아이템 판매로 1년에 12억 달러(1조 5000억 원)를 벌어들였다. 판매를 늘리기 위해 포트나이트는 한정 시간제를 도입해 긴박감과 희소성을 만들었다. 포트나이트 게이머의 약 70%가 게임 내 구매를 하는데, 1인당 평균 구매 비용이 연 84.67달러(10만 5000원)로 회사의 게임 판매액보다 훨씬 많은 수준이다.

기업은 이와 같은 다양한 수익 모델로 수익을 창출하지만, 동시에 윤리적인 문제도 야기한다. 쥬라기 월드 게임을 하면서 하루에 6000달러(670만 원)나 쓴 일곱 살짜리 소년처럼, 어린이들은 자신이 얼마나 많은 돈을 쓰는지 알지 못하는 경우가 많다. 페이스북, 구글, 애플, 아마존 같은 회사들은 인앱결제*가 미성년자가 쓰기에 너무 쉽고 노년층이 쓰기에는 너무 어렵다는 이유로

---

*__인앱결제__: 앱에서 이뤄지는 결제.

집단 소송을 당했다. 이 사건은 아마존이 막대한 합의금을 물어 주는 것으로 마무리되었다.

좋은 설계는 표 나지 않는다

수익을 극대화하기 위해 기업들은 사용자의 명령 없이도 작동하는 앱을 만들려고 애쓴다. 구글의 전 수석 디자이너는 이렇게 설명한다. "좋은 디자인은 냉장고와 같아요. 작동할 때는 아무도 눈치채지 못하지만, 제대로 작동하지 못하면 악취가 풍기지요." 사람들은 대개 불만이 있거나 혼란을 느낄 때에만 프로그램의 설계에 대해 가타부타 말을 하기 때문에, 최고의 설계는 표가 나지 않는다.

표 나지 않는 최고의 설계는 시간과 기술을 필요로 하기 때문에, 대형 소프트웨어 개발 프로젝트에는 UX 및 UI 디자이너가 관여하는 경우가 많다. 소형 프로젝트에는 개발자들이 설계 결정을 스스로 처리해야 한다. 사용자 위주의 프로그램을 만들기 위해 개발자들은 몇 가지 핵심 원칙을 따른다.

일관성: 개발자는 앱 전체에 걸쳐 일관된 메뉴, 화면 레이아웃, 색상 및 글꼴을 사용함으로써 사용자를 일정한 방향으로 유도한다. 따라서 사용자는 학습할 게 거의 없고, 개발자는 화면 상단에 메뉴를 배치하고 터치 스크린 사용자가 엄지와 나머지 손

가락을 벌려 줌 인하게 하는 등 잘 확립된 표준에 의존하게 하면 된다.

단순성: 개발자는 정보 과부하를 피하거나 사용자가 처음부터 올바른 사용법을 쉽게 익힐 수 있게 해줌으로써 프로그램을 단순하게 만든다. 도움말 버튼을 누르면 기술 전문 용어로 가득 찬 200페이지 분량의 PDF 파일 대신 간단한 문장으로 작성된 필수 정보를 볼 수 있다. 비디오 게임의 경우, HP가 떨어지면 상태를 확인하도록 하는 대신에 소리와 이미지로 게이머에게 경고한다.

효율성: 개발자는 각 작업에 필요한 단계를 최소화하고, 자주 쓰는 작업은 '바로가기'로 만든다. 캘린더 앱을 쓸 때, 사용자는 특정 시간을 입력하지 않고 탭 한 번으로도 15분짜리 알림 메시지를 추가할 수 있다. 온라인 체크 아웃을 사용하면 쇼핑객들은 주소를 두 번 입력하는 대신 '발송 주소와 청구 주소 동일'을 클릭하면 된다.

실수 방지: 사용자들은 어쩔 수 없이 실수를 한다. 착각할 수도 있고, 스마트폰이 손에서 미끄러지면서 잘못 입력할 수 있다. UX 디자이너들은 사람들이 흔히 하는 실수를 저지르지 않도록 만드는 기능을 넣는다. 예를 들어, 저장을 잊어버리는 사람을 위해 파일 백업을 자동화한다. 이메일 사용자가 첨부 파일 추가를 잊어버리는 경우가 많아, 구글의 지메일은 본문에서 '첨부' 같은

단어를 스캔해 사용자가 파일 없이 메일을 보내려고 하면 경고한다. 디자이너들은 또 사용자가 행위를 되돌릴 수 있는 기능을 만들어 실수를 막아 준다.

접근성: 개발자는 시각, 청각, 신체적 장애가 있는 사람도 프로그램에 접근할 수 있도록, 예술적 요소보다 기능성을 우선시한다. 작은 버튼은 귀엽게 보일 수 있지만 손 떨림 증상이 있는 사람은 사용하기 힘들다. 개발자는 시각 장애가 있는 사람들을 위해 크고 선명한 글꼴을 선택해 가독성을 높인다.

또한 웹사이트의 이미지에 '알트 태그alt-tags'라는 텍스트 기반 사진 설명을 추가하는데, 이 설명은 스크린 읽기 프로그램을 사용해 소리로 들을 수 있다. 개발자들은 중요한 정보를 강조하기 위해 텍스트를 빨갛게 표시하기도 하지만, 색맹이 있는 사람들을 위해 아이콘을 추가하는 방식을 쓰기도 한다.

명확성: 개발자는 색상, 형태, 크기, 움직임을 사용해 사용자들을 안내한다. 인간의 시각 기관은 가운데 있거나, 특별히 밝거나, 움직이거나, 또는 그런 특징이 전부 어우러진 물체에 주목하는 경향이 있다. 그래서 개발자들은 그런 특징을 사용해 중요한 정보를 강조한다. 정보를 중심에서 제외하고 싶은 경우에는 가운데에서 가장자리로 옮기거나 회색으로 표시한다.

사람들이 문장을 왼쪽에서 오른쪽으로 읽기 때문에, 개발자들은 오른쪽 지시 화살표를 써서 다음 단계를 제안한다. 동의 아이콘은 초록색, 비동의 아이콘은 빨간색을 표준으로 삼는다. 사용자들이 그 색상의 의미를 직관적으로 이해하기 때문이다.

피드백: 개발자들은 누르면 색상이 변하는 버튼을 만들어 입력되었음을 알 수 있게 하는 등 명확한 피드백을 제공함으로써 사용자의 불안감을 줄여 준다. 시간이 많이 걸리는 작업은, 개발자가 상태 표시 바를 추가해 프로그램이 멈추지 않고 작동 중임을 알 수 있게 한다.

남은 시간을 정확히 표시해 주는 상태 표시 바도 있지만, 순전히 심리적인 목적을 위한 상태 표시 바도 있다. '터보택스'라는 자가 설치 세금 프로그램은 인위적인 지연 기능과 움찔거리는 상태 표시 바가 짝을 이뤄, 가능한 모든 세금 우대 조치를 검사하고 있다고 표시한다.

하지만 이 프로그램에서 실제로 상태 표시 바는 필요 없다. 회사가 고객 신뢰를 높이기 위해 불필요한 상태 표시 바를 추가했을 뿐이다. 터보택스의 대변인은 "소득 신고서 작성에는 종종 어느 정도의 스트레스와 불안감이 수반되기 때문"이라고 설명한다. "그런 불안감을 없애기 위해 우리 프로그램은 다양한 설계 요소를 사용해 고객의 소득 신고서가 정확하고, 환급받아야 할 돈을 제대로 받고 있다고 고객을 안심시키지요."

개발자도 프로그램의 사용자 친화성 여부를 과대 평가하는 경우가 종종 있다. 자신이 만든 메뉴와 절차가 다른 사람들에게 여전히 혼란스러운데도 자신은 충분히 이해가 되기 때문이다. 이러한 함정에 빠지지 않기 위해서 개발자들은 일반 사용자와 직접 테스트를 하면서 사람들이 어느 부분에서 이해를 못하는지 관찰할 필요가 있다.

기업가 스코티 앨런Scotty Allen과 UX 디자이너 리차드 리타워 Richard Littauer는 한 걸음 더 나아가, '사용자는 나의 어머니'라는 설계 재검토 서비스를 만들었다. 약간의 비용을 내면, 스코티의 어머니가 테스트를 의뢰한 앱이나 웹사이트를 이용하는 모습을 비디오로 찍어 보내 준다. 물론 스코티의 어머니 팸 앨런은 못 배운 사람이 아니다. 팸은 석사 학위를 가지고 있고, 프랑스어를 유창하게 구사하며, 대학생을 가르친다. 그러나 60대 중반의 여성으로서, 컴퓨터를 사용하며 자란 디지털 세대의 사고 방식은 부족한 편이다. 팸은 이렇게 말한다. "나는 젊은 사람들과 생각이 달라요. 또 젊은 사람들에게 잘 보이는 상자나 아이콘을 종종 보지못합니다."

사용자로서 팸의 시도는 좌절하거나 혼란에 빠질 수 있는 나쁜 설계 요소를 빠르게 알아챌 수 있도록 돕는다. 스코티 회사의 마케팅 페이지에는 다음과 같은 문구가 쓰여 있다. "어머니는 당신이 개발한 웹사이트를 이해할 수 없으며, 그것은 어머니의 잘못이 아닙니다."

사용자 경험해 보기

좋아하는 게임이나 사진 편집 앱 등 여러분이 잘 아는 프로그램을 선택한다. 그 앱을 써
본 적이 없는 사람들에게 이해시키려고 노력해 보자.

- 여러분의 도움 없이도 사람들이 잘할 수 있는가?
- 옵션이 명확한가?
- 각기 무슨 기능인지 알아내기 위해 이리저리 해 봐야 하는가?

여러분은 사람들이 이 앱에 어떻게 반응하는지를 알 수 있다. 10대가 어린이나 노인보
다 빨리 이 앱을 이해한다든가, 스마트폰을 자주 쓰는 사람이 아이콘의 의미를 더 잘 이
해한다든가 하는 식으로 말이다.

다음에는 혼자서 새로운 앱을 시도해 보자. 무료 모바일 앱을 받거나 위성 사진 서비스
인 구글 어스 같은 무료 온라인 프로그램을 사용해 보자.

- 쓸 때, 뭔가 혼란스럽거나 산만하거나 짜증이 나는가?
- 어떻게 바꾸면 더 쓰기 쉬워질 것 같은가?

앞서 설명한 일관성, 단순성, 효율성, 실수 방지, 접근성, 명확성, 피드백 등의 원칙에 어
긋나지 않는지 생각해 보자.

설계 실행의 본보기

아미르 헬미(Amir Helmy)는 7학년(중학교 1학년) 때, 아버지와 함께 심장 발작을 감지하는 앱을 만들기 시작했다. 환자의 발작 증상을 모니터링하기 위해 몸에 착용할 수 있는 센서를 연구하던 지인으로부터 영감을 받았다. 헬미는 그런 센서가 스마트폰에 내장된 동작 감지기와 유사하다는 것을 알았다. 즉, 소프트웨어만으로 스마트폰을 발작 감지 장치로 바꿀 수 있다는 걸 알게 되었다.

그 후 6년 동안 헬미와 아버지는 인디고고*에서 기금을 모았고, 미국 뇌전증 재단을 후원하는 리얼리티 쇼 샤크 탱크**에서 투자금을 받았다. 헬미는 이 자금을 사용해 비정상적인 심장 박동을 감지하고 환자가 발작이 생기거나 넘어지면 비상 연락처에 경보를 보내는 '세이자리오(Seizario)' 앱을 개발했다.

헬미는 앱을 사용자 친화적으로 만들기 위해 핵심적인 UX 및 UI 설계 원칙을 따랐다. 시각 장애인도 앱을 쓸 수 있도록 큰 글꼴과 대비가 잘 되는 색상을 사용해 화면마다 일관된 레이아웃을 유지했다. 또 사용자가 동작 감지 옵션을 선택해 비상 연락처를 입력하도록 안내하는 등 설정을 간단하게 만들었다. 헬미는 또 실수를 방지하기 위해 몇 가지 장치를 마련했다. 혼란을 미리 막기 위해, 사용자가 넘어짐과 발작 탐지 기능을 꺼 놓은 경우에는 앱의 홈페이지에 명확하게 표시되도록 설계했다. 또 허위 경보를 막기 위해, 단지 발을 헛디뎠거나 전화기를 떨어뜨렸을 경우에는 비상 경보가 작동하지 않도록 앱을 구축했다. 또 앱이 가벼운 발작을 놓칠 경우를 대비해 수동 경보 옵션을 추가했다. 이 기능을 활성화하려면, 사용자는 스위치를 올리고 비상 버튼을 두 번 누르면 된다. 쉽지만 전화기를 주머니에 밀어 넣다가 이 기능이 활성화될 염려는 안 해도 될 것이다.

2018년 미국 컴퓨터협회(ACM)는 세이자리오 앱을 개발한 공로로 고교생을 대상으로 하는 컴퓨터 사이언스 경연대회인 커틀러-벨(Cutler-Bell Prize) 상을 헬미에게 수여했다.

---

*인디고고: 국제 크라우드 펀딩 웹사이트.

**샤크 탱크: 일명 상어로 불리는 백만장자들에게 사업 아이디어를 소개하고 투자받는 리얼리티 쇼.

나쁜 설계

2018년 2월, 스냅챗은 사용자 인터페이스를 업데이트했다. 채팅과 스토리를 새로 만든 '친구Friends' 페이지로 옮기고, 콘텐츠 표시 알고리즘으로 변경했다. 그리고 브랜드 콘텐츠로 채워진 '발견Discover' 페이지를 새로 만들었다.

사용자들은 이 업데이트가 사용자를 혼란스럽게 만들 뿐 아니라 지나치게 상업적이라며 분노했다. 결국 사회를 바꾸기 위한 다양한 캠페인을 벌이는 플랫폼 Change.org에 "스냅챗 업데이트를 제거하자."는 청원이 올라왔고, 120만 명이 넘는 사용자가 서명했다.

트위터 팔로워 2500만 명을 가진 카일리 제너Kylie Jenner도 동참했다. 카일리는 트위터에 이렇게 글을 올렸다. "오오, 이제 아무도 스냅챗을 안 열겠지? 나만 그런가… 슬프네." 그녀의 트윗이 퍼지면서 스냅챗의 시장 가치는 무려 13억 달러(1조 6000억 원)나 떨어졌다.

사실 이 불운한 업데이트가 있기 전부터 많은 사용자가 스냅챗이 산만하다고 생각했다. 스냅챗 사용자는 드롭다운 메뉴 대신 상하좌우로 쓸어 넘기는 방식swipe으로 다른 화면으로 이동한다. 스냅챗의 첫 투자자인 제레미 리우Jeremy Liew는 이러한 파격적인 접근 방식이 전통적인 설계보다 뛰어나다고 생각한다.

하지만 모두가 그렇게 생각하는 것은 아니다. 기술 작가 월

스냅챗같이 중독성 강한 앱도 카일리 제너 같은 셀럽의 영향력을 당해 내지 못했다.

오레머스Will Oremus는 스냅챗 이용 초기에 "친구들의 메시지가 만료되기 전에 확인하는 기본적인 작업을 하는 데에도 고대 문자를 치는 것처럼 몹시 당황스럽고 진땀을 흘려야 했어요. 한마디로 스냅챗은 내가 SNS를 잘 모르는 노인이 된 느낌이 들게 했지요."라고 설명했다.

어쩌면 그것이 스냅챗이 원했던 것인지 모른다. 페이스북은 대학생을 대상으로 만든 것이었다. 하지만 부모 세대가 들어오기 시작하자 젊은 사람들이 떼 지어 떠났다. 스냅챗의 혼란스러운 UI 설계는 페이스북 같은 일이 스냅챗에서 일어나는 걸 막는 데 도움이 된다.

스냅챗의 마케팅 매니저 한나 알바레즈Hannah Alvarez는, 스냅챗은 나이 든 사용자가 이해하기 어려운 것으로 악명 높다고 했다. 사용자 설명, 표준화된 아이콘, 세부적인 도움말 메뉴를 제공하는 다른 앱과 달리, 스냅챗은 아무런 도움 없이 사용자를 앱 속으로 밀어 넣는다. 그러한 접근 방식이 '원하지 않는 사람들(25세 이상의 사람)'이 들어오는 것을 효과적으로 막아 줄지도 모른다.

다크 설계

대부분의 나쁜 설계가 의도적인 것은 아니지만, 일부 개발자는 자신의 전문 지식을 이용해 사람들이 이익에 반하는 선택을 하도록 조종한다. 이같이 다크 설계는 기업의 이익을 증대시키기 위해 UX와 UI 설계 기술을 무기화하는 나쁜 짓이다.

기만적인 설계: 이른바 유인 상술을 구사하는 소프트웨어는 일반적인 행동의 의미를 조작해 사용자를 속인다.

2016년에 마이크로소프트는 소비자가 윈도10으로 업그레이드하게 하기 위해 이 전략을 사용했다. 마이크로소프트는 사용자가 몇 주 동안 컴퓨터 작업을 하면서 업그레이드하라고 권고하는 팝업 창을 보게 했다. 관심 없는 사람은 창 상단에 있는 'x'를 클릭해 창을 닫고 업그레이드하지 않았다. 그러자 마이크로소프트는 'x'를 클릭하면 업그레이드를 승인하도록 팝업을 변경했고, 여기에 속아서 원치 않는 소프트웨어를 설치하게 된 많은 사람을 화나게 했다.

기본 설정: 기본 설치 설정은 경험이 부족한 사용자가 새로운 프로그램을 시작하는 것을 쉽게 해 주지만, 종종 사용자의 이익보다 회사의 이익을 우선시한다. 많은 무료 소프트웨어 프로그램은 팝업 광고 프로그램과 묶어 판매하는 방식으로 돈을 번다. 그런 내용을 잘 아는 사용자는 피할 수 있지만, 표준 설치를 구매하는 사용자는 꼼짝없이 원하지 않는 광고를 본다.

대부분 무료 앱의 경우, 기본 설정을 통해 사용자 데이터를 판매하거나 공유한다. 이는 사용자가 아니라 회사의 이익을 위한 것이다. 유럽에서 사용자가 데이터 공유 여부를 선택하도록 하는 새로운 규제를 도입하자, 텀블러는 사용자에게 수백 개의 데이터 공유 동의 버튼을 일일이 눌러 거절하도록 강요했다. 텀블러는 일괄 비동의 버튼을 넣을 수 있었지만 그렇게 하지 않았다. 사용자를 매우 번거롭게 하려는 의도였을 것이다.

설득적 포맷: 개발자는 설득적 포맷 기법에서 사물의 크기, 색상, 배치를 이용해 사용자를 움직인다. 무료 소프트웨어 사이트는 화면 중앙에 밝은 색상으로 '지금 다운로드 하세요!'라는 버튼을 만들고, 안에 링크를 숨기는 방식으로 속여서 광고를 클릭하게 만든다. 사람들이 광고를 클릭할 때까지 진짜 다운로드 링크는 찾기 어려운 구석에 끼워 넣는다.

엄청난 혼란을 부른 나쁜 설계

하와이 비상관리국(HEMA)은 2018년 훈련 중에 실수로 하와이의 모든 스마트폰에 다음과 같은 문자를 발송했다. "탄도 미사일이 하와이를 향해 오고 있음. 급히 대피 바람. 훈련 상황 아님." 공포에 빠진 주민과 관광객들은 곧 죽을 것이라고 생각했다. 비상 용품을 챙겨 지하실로 숨은 사람도 있었고, 마지막을 함께하기 위해 가족과 모인 사람도 있었다.

이런 엄청난 혼란에는 잘못 설계된 소프트웨어가 큰 역할을 했다. 경보 관리 화면에 '시험 메시지, 훈련 상황, 실제 상황'이라는 단어가 제멋대로 뒤섞여 나타났고, 담당자가 상황을 구분할 수 있는 색상 표시나 레이아웃 신호가 없어 잘못 선택한 것이다.

조사 후, 하와이 비상관리국은 그런 경보를 보낸 담당자를 해고했다. 그는 자신이 당황해서 항목을 잘못 선택한 게 아니라 동료가 일을 잘못 처리해, 자신은 하와이가 진짜 공격을 받고 있다고 생각했다며 동료들을 비난했다.

무엇이 실수를 야기했든 간에, 나쁜 소프트웨어 설계가 문제를 더 악화시킨 것만은 사실이다. 이 시스템에는, 훈련 상황과 실제 상황 경보 프로그램을 완전히 분리하거나 그 경보를 다른 사람이 2차적으로 확인하도록 하는 일반적인 안전장치가 없었다. 게다가 경보를 취소하거나 사람들이 안전하다는 메시지를 보낼 어떤 방법도 없었다. 기술 담당자가 사고 후 불과 38분 만에 새 옵션을 만들었는데, 빠른 대처이긴 했지만 공포에 빠진 하와이 주민들에게는 긴 시간이었다.

런던 동물원도 설득적 포맷 기법을 이용해 사용자를 속여, 기부하게 했다. 티켓 구매 페이지에서 오른쪽을 가리키는 커다란 녹색 화살표를 클릭하면 자동으로 10%의 기부금이 바구니에 추가된다. 기부하지 않고 나가려면 사용자는 작고 색도 없는 뒤를 가리키는 화살표를 찾아야 했다.

싸구려 모텔 설계: 사용자를 오도하는 UX 설계의 한 유형인 싸구려 모텔 설계는 사용자를 특정 상황에 빠지기 쉽지만 나오기는 어렵게 만든다. 많은 웹사이트가 무료 소프트웨어 평가판을 받아 설치하기 쉽게 만들지만, 온라인에서 취소할 수는 없도록 만든다. (매달 서비스 요금을 내지 않기 위해) 취소하려 해도 소프트웨어를 판매한 회사는 전화를 받는 인원도 제대로 없어 연결이 잘 되지 않는다.

숨겨진 가격: 오스트레일리아 항공사 제트스타는 온라인 티켓 구매에 좌석 선택료를 기본으로 책정해 고객들을 화나게 했다. 무작위로 배정된 좌석은 선택료 없이 받을 수 있지만, 개발자들은 일부러 무작위 좌석 배정 옵션을 찾기 어렵게 만들었다.

일부 유통 플랫폼들도 구매한 품목에 대한 보험 증권을 추가하거나, 장바구니에 특정 품목을 자동으로 추가하는 등 비슷한 방식을 취한다. 소비자는 대개 장바구니에 자신이 직접 담은 물건만 들었다고 생각하기 때문에, 그런 방식은 사람들을 속여 불필요한 물건을 사게 하는 것과 같다.

다크 설계는 도가 지나치면 단순한 조작을 넘어 불법이 될 수 있다. 미국의 인터넷 기반 우편 서비스 제공 업체인 스탬스닷컴은 '무위험' 맛보기 서비스를 이용한 고객에게 월정액 요금 15.99달러(1만 8000원)를 부과해, 제소를 당했다. 결국 스탬스닷컴은 이를 해결하기 위해 250만 달러(30억 원)를 지불해야 했다.

또한 링크드인은 신규 인사 교육 과정에서 다크 설계를 통해, 신규 사용자를 속여 사용자의 연락처 명단에 접속했다. 법원은 링크드인에 벌금 1300만 달러(160억 원)를 부과했다.

신규 사용자의 연락처를 입수한 링크드인이 연락처의 이메일 주소로 자사 사이트에 가입하라고 초청하는 이메일을 여러 차례 보냈는데, 수신자에게는 그 메일이 링크드인이 아닌 해당 사용자가 보낸 것처럼 보이기 때문에 법원은 스팸같이 보이는 이메일이 개인의 직업적 평판에 해를 끼칠 수 있다고 판결한 것이다.

기만적인 설계를 한 회사를 상대로 한 소송에서 변호사들은 해당 설계가 표준을 위반하는지, 또는 사용자를 속일 의도를 가지는지에 대한 증언을 듣기 위해 UX나 UI 디자이너들을 전문가 증인으로 부르기도 한다.

보안의 심리학

래퍼 카니예 웨스트Kanye West가 백악관 방문 중에 아이폰의 잠금을 해제하기 위해 '000000'을 치는 모습이 생방송 카메라에 잡히면서 뉴스거리가 되었다. 카니예 웨스트가 그처럼 쉬운 비밀번호를 쓰고 있다는 사실이 SNS에서 완전히 놀림감이 되었지만, 실제로 놀라우리만치 많은 사람이 좋지 않은 비밀번호를 쓴다.

2017년에 '123456'을 비밀번호로 쓰는 사람들이 전체의 17%로 가장 많았고, 그다음으로 '암호password'라는 단어를 쓰는 사람이 많았다. 그 밖에 '축구', '사랑해', '환영합니다', '로그인', '원숭이', '스타워즈' 등도 많이 썼다. 미국인의 절반가량이 인기 비밀번호 25개 중 하나를 사용하기 때문에 해커들은 그만큼 활동이 쉬워진다. 나머지 절반도 반려동물의 이름, 생일 또는 좋아하는 팀을 비밀번호로 썼는데, 정보 해커들은 SNS에서 그런 정보를 쉽게 찾아낸다.

개발자들은 그런 해커를 막기 위해 로그인 시도를 몇 번 실패하면 접속을 못 하도록 로그인 시스템을 구성한다. 그러나 해커들은 서버에서 도난당한 비밀번호 파일을 풀고 그런 안전장치를 피해 간다. 비밀번호 파일은 암호화되어 있지만 해커들은 비밀번호를 풀기 위해 온갖 방법을 쓴다.

앞서 언급한, 흔히 사용하는 비밀번호를 푸는 것은 해커에게 너무나 쉬운 일이다. 비밀번호의 변형을 풀기 위한 프로그램을 사용하면 '123456'같이 쉬운 비밀번호를 푸는 데에는 0.00029초밖에 걸리지 않는다.

문자, 숫자 및 기호 등 가능한 모든 조합을 차례로 맞춰 보는 '무작위 해독 기술brute force'을 사용하는 암호 해독 프로그램도 있다. 이런 프로그램은 초당 수십억 개의 비밀번호를 테스트할 수 있다.

무작위 해킹 프로그램을 사용하면 비밀번호가 짧을수록 해킹이 쉬워진다. 실제 비밀번호가 cats123인지 c1a2t3s인지는 중요하지 않다. 두 비밀번호 모두 7자리이기 때문에 2초면 해독이 가능하다.

비밀번호는 길수록 해독하기 어려워진다. 비밀번호가 얼마나 안전한지 확인해 주는 사이트인 HowSecureIsMyPassword.net에 따르면, 'KanyeWestUsedABadPassword' 같은 25자리 비밀번호는 해독하는 데 6×10^{24}년이 걸린다.

가장 강력한 비밀번호는 우선 길어야 하고, 숫자·기호·대문자를 포함해야 하며, 사전에 있는 단어나 반복 또는 연속 번호를 피해야 한다. 그러나 사람들은 문자·숫자·기호의 무작위 조합은 쉽게 잊어버리기 때문에, 전문가들은 기억할 만한 문구를 사용하고 오자와 기호를 포함시키라고 제안한다.

예를 들어, '원숭이'나 '스타워즈' 같은 단어를 선택하는 대신에 '원숭이는스타워즈를좋아해MonkeysLoveStarWars'라는 문구를 사용할 수 있다. 여기에 'M*nkeysLuvSt@rW@rrs'처럼 오자와 기호를 섞으면 훨씬 더 안전한 비밀번호를 만들 수 있다. 아마도 이 비밀번호를 풀려면 5×10^{18}년이 걸릴 것이다.

그럼에도 불구하고 사람들에게 안전한 비밀번호를 만드는 방법을 설명하는 것이 그다지 효과를 거두지는 못한 것 같다. 안전한 비밀번호의 필요성을 강조하는 교육 캠페인에도 불구하고, 흔히 쓰는 쉬운 비밀번호의 목록은 지난 몇 년 동안 거의 바뀌지 않았다.

개발자들은 사람들에게 강력한 암호를 사용하고 이를 정기적으로 업데이트하는 것의 중요성을 설득하기 위해 여러 가지 논리적인 접근 방식을 시도해 왔다. 그런데 안타깝게도 그 노력은 오히려 보안성을 떨어뜨리는 결과를 가져올지도 모른다. 복잡한 비밀번호를 만드는 것이 좋다는 교육을 받은 사람들은 복잡한 비밀번호를 잊어버리지 않기 위해 비밀번호를 적은 메모지를 모니터에 붙여 놓는다.

한 보안 전문가는 사람들이 비밀번호를 자주 변경해야 한다는 교육을 받으면 "처음에는 쉬운 비밀번호를 선택했다가 나중에 해커들이 쉽게 추측할 수 있는 예측 가능한 방법으로 변경하는 경향이 있습니다."라고 말한다.

실제로 사람들은 비밀번호를 처음 만들 때부터 예측 가능한 반응을 보인다. 개발자들이 비밀번호에 대문자가 있어야 한다고 말하면, 사람들은 대부분 첫 글자를 대문자로 쓴다. 예를 들어 'monkey'를 그저 'Monkey'로 쓰는 식이다.

또 개발자들이 비밀번호에 숫자가 들어가야 한다고 말하면, 사람들은 대부분 마지막에 숫자 '1'을 달랑 붙인다. 특수 문자가 있어야 한다고 말하면 대부분 비밀번호 끝에 '!'를 붙인다. 그래서 단어 안에 숫자를 삽입하라고 하면 기껏 'Monkey'를 'M0nkey' 또는 'Monk3y'라고 쓸 뿐이다. 또 비밀번호를 업데이트하라고 하면 'Monkey1'이 'Monkey2'가 되거나 'Monkey!'가 'Monkey!!'로 바뀔 뿐이라는 것이다.

사람들이 비밀번호를 만들거나 변경할 때 이처럼 매우 일관되게 반응하기 때문에, 해킹 프로그램은 먼저 전형적인 비밀번호인지 여부를 가려낸다. 보안 전문가는 이렇게 설명한다. "비밀번호 정책을 아무리 복잡하게 만들어도, 해킹을 완전히 막을 수는 없습니다."

보안을 강화하기 위해 개발자들은, 인간이 비논리적이라는 것을 먼저 이해할 필요가 있다. 그래서 많은 개발자는 쉬운 비밀번호를 선택하려는 사람들의 성향을 바꾸려는 대신 프로세스를 바꾸기 시작했다. 스마트폰에 지문이나 문자화된 로그인 코드 같은 다른 신분 증명을 제공하도록 하는 이중 인증 접근을 추가한 것이다.

소프트웨어 개발에서 인간의 심리를 고려하는 건 보안만 해당되는 게 아니다. 소프트웨어 설계를 어떻게 할 것인지의 결정은, 사람들이 그 앱에 얼마나 많은 시간과 돈을 쓸 것인지, 장애를 가진 사람도 그 앱에 접근할 수 있는지 같은 문제에도 영향을 미친다. 설계 결정이 단순한 기술적 결정을 넘어 윤리적 결정이라는 사실을 의미하는 것이다.

개발자들은 단순히 앱을 어떻게 만들지보다 앱이 사회에 미칠 수 있는 영향과 앱을 만들기 위해 개발자가 무슨 일을 해야 하는지를 고려해야 한다.

6장 소프트웨어 개발 윤리

캐나다의 프로그래머이자 교사인 빌 사우러^{Bill Sourour}는 이렇게 말했다. "개발자로서 우리는 위험하고 비윤리적인 관행에 대한 최후의 방어선입니다." 사우러는 마케팅 회사의 웹사이트를 만드는 일을 맡아 여러 시행착오를 겪으면서 이 교훈을 깨달았다. 사우러는 제약 회사의 '치료법 알아맞추기' 퀴즈의 코드를 만드는 프로젝트를 진행했다. 이 퀴즈는 10대 소녀를 위해 올바른 정보를 제공해 주는 사이트처럼 설계된 웹사이트에 게재되었다. 문제는 소녀들이 퀴즈 질문에 어떻게 대답하든 웹사이트는 거의 약을 권했다는 것이다.

당시 사우러는 자신이 10대 소녀를 속이려는 의도를 가진 웹사이트를 만든다는 사실에 대해 특별히 고민하지 않았다. 그저 영리한 마케팅 전략처럼 보였기 때문이다. 나중에 사우러는 약을 복용하던 소녀 한 명이 자살했다는 사실을 알게 되었다. 그 약에 우울증과 자살 충동을 불러일으키는 부작용이 있었던 것이다. 10대인 여동생도 그 약을 먹고 있다는 사실을 알았을 때, 사우러는 그 비극에서 자신이 한 역할을 했다는 생각이 가슴을 찔렀다. 결국 사우러는 일을 그만뒀고, 앞으로 어떤 일로 코드를 만들 때 그것이 어떤 의미가 있는지를 먼저 고려하기로 결심했다. 사우러는 그 웹사이트 개발에서 한 일을 "내가 아직도 부끄러워하는 코드"라고 언급하며, 개발자에게 "우리가 만드는 코드에 우리의 윤리가 항상 존재하도록 하자."고 당부했다.

영향력이 커지면 책임도 커진다

소프트웨어는 삶의 거의 모든 영역에 영향을 미치기 때문에, 윤리적 잘못은 심각한 결과를 불러올 수 있다. 2015년에 규제 당국은 독일 자동차 회사 폴크스바겐이 소프트웨어를 사용해 배출가스 시험 장치를 조작해서 디젤차 1100만 대가 실제보다 40배나 오염을 덜 배출하는 것처럼 허위로 보고했음을 발견했다. 이 소프트웨어는 배출 가스 테스트 중에 자동차의 오염 방지 기능을 모두 작동시켰지만, 엔진 성능 향상을 위해 정상 주행 조건에서 이 기능을 모두 차단한 것이다. 이 사건으로 회사의 최고경영자가 체포됐고, 회사는 벌금 수십조 원과 리콜 비용을 치러야 했고, 매출 하락으로 3만 명이 일자리를 잃었다. 게다가 연구원들은 폴크스바겐 자동차가 방출한 배기가스 오염으로 미국에서 59명이 조기 사망했으리라 추측했다. 이 소프트웨어의 개발자들은 이같이 엄청난 사기극을 초래하리라고 생각하지 못했을 수 있지만, 그런 소프트웨어를 만듦으로써 윤리적 의무를 다하지 못한 건 분명하다.

구글의 개발자들은 비윤리적이라고 생각되는 프로젝트를 거부하기 시작했다. 중국 정부는 인권, 민주화 운동, 민간인에 폭력을 가하는 경찰이나 군인 키워드와 관련된 웹사이트를 검열한다. 중국 정부는 구글이 중국에 진출하려면, 중국 당국의 기준에 따른 콘텐츠만 검색 엔진에 나오도록 해야 한다고 요구했다.

구글은 중국의 요구를 받아들일 수 없다며 2010년 중국에서 철수했지만, 2018년 입장을 바꿔 중국 기준에 따른 제한된 결과만 나오는 검색 엔진 프로젝트 '드래곤플라이'를 개발하기 시작했다.

그러자 구글 직원 1400여 명이 회사가 도덕적, 윤리적 의무를 저버렸다고 주장하며, 구글의 중국 시장 복귀를 반대하는 성명서에 서명했다. 그들은 중국 시장에 다시 발을 들여놓는 것은 "나쁜 일로 돈을 벌지 말자Don't be evil"는 회사의 모토에 위배된다고 비판했다.

또한 구글 직원들은 회사가 미 국방부와 손잡고, 드론을 이용해 사물을 추적하고 타격할 수 있는 AI 소프트웨어를 만드는 프로젝트 '메이븐'을 진행하는 것도 반대했다. 이 소프트웨어로 촬영한 드론 동영상 덕분에 군인들이 현장에 나가 수천 시간이나 적의 수상한 움직임을 수색하는 수고를 줄이겠지만, 결국 군이 폭격 결정을 AI에 맡김으로써 AI를 전쟁 도구로 활용한다는 비난이 나왔다.

구글이 국방부와 프로젝트 메이븐 계약을 체결했다는 소식이 알려지자 연구원 10여 명이 사표를 냈고, 직원 4000여 명이 이 프로젝트 중단을 요구하는 성명서에 서명했다. 구글 외부에서도

개발자의 윤리 강령

미국 컴퓨터협회(ACM)는 컴퓨터 과학자의 전문 기관으로, 개발자의 윤리 강령으로 다음과 같은 행동을 권장한다:

- 사람, 재산 및 환경에 대한 피해를 예방한다.
- 우발적으로 피해를 끼친 경우 이를 바로잡는다.
- 유해한 행위가 발생하면 보고한다.
- 권한 범위를 벗어나지 않는다.
- 이해 관계의 충돌을 피한다.
- 관련 분야의 모든 사람들의 공정한 참여를 장려하고, 괴롭힘·따돌림·권력 남용을 피한다.
- 포용적 기술을 개발한다.
- 소프트웨어가 어떤 그룹도 차별해서는 안 된다.
- 저작권법을 존중한다.
- 보안 시스템을 설계하고, 데이터 유출 피해자에게 신속히 알려 정보를 보호한다.

연구원 1200명이 살상을 부르는 군사 행동은 기계가 아닌 인간의 감시가 필요하다고 주장하며, 무기 시스템이 자체적으로 공격 여부를 판단하는 것을 국제적으로 금지시키자고 요구했다. 이런 반발이 이어지자, 결국 구글은 2019년 계약이 만료됨에 따라 프로젝트 메이븐 연구를 중단하겠다고 말했다. 구글은 또 AI 윤리 강령을 발표하고, 사회에 도움이 되며 편견에 얽매이지 않고 적절한 안전성 검사가 보장된 프로젝트만 진행하겠다고 약속했다.

쓰레기를 넣으면 쓰레기만 나올 뿐

과학 작가 빌 브라이슨Bill Bryson은 이렇게 말했다. "컴퓨터는 믿을 수 없을 정도로 똑똑한 일을 할 수 있는 어리석은 기계인 반면, 컴퓨터 프로그래머들은 믿을 수 없을 정도로 어리석은 일을 할 수 있는 똑똑한 사람들이다. 한마디로 둘은 위험할 정도로 완벽한 한 쌍이다."

　컴퓨터와 개발자가 손잡고 한 바보 같은 일들은 무엇이 있을까? 사고를 거의 낸 적 없는 모범 운전자보다 음주 운전자에게 더 적은 금액을 청구한 자동차 보험 알고리즘이나, 특정 만화 웹사이트를 방문한 지원자에게 점수를 더 높게 준 채용 알고리즘을 생각해 보자. 컴퓨터는 아찔한 속도로 데이터를 뒤지지만, 생각하는 능력이 없다. 사정이 이러한데도 개발자들은 '어리석게도'

머신러닝machine learning을 지나치게 신뢰한다.

머신러닝이란 방대한 양의 정보를 프로그램에 주입해 기계가 데이터의 패턴을 인식하도록 훈련시키는 것이다. 개발자는 이 기술을 이용해 의사 결정 알고리즘을 만들어 낸다. 이 알고리즘이란, 은행이 신용 카드 신청서를 승인하거나 누군가에게 차를 살 돈을 빌려주는 등의 결정을 자동화하는 복잡한 수학 공식을 말한다.

대출 결정 알고리즘을 만들기 위해 개발자는 과거의 대출 신청 결정 데이터를 컴퓨터에 주입한다. 이 프로그램은 데이터를 뒤져 승인된 신청이 거부된 신청과 어떻게 다른지 구별하는 법을 배운다. 그런 뒤, 알고리즘은 정보를 사용해 새 신청에 결정을 내린다. 일반적인 대출 알고리즘은 신청자의 신용 이력, 소득, 채무 상태 및 은행 잔고 등을 평가하고 그중 가장 유용한 항목에 비중을 높게 둔다.

개발자가 편견 없는 데이터 세트를 사용한다면 공정한 대출 알고리즘을 만들 수 있을 것이다. 그러나 (유럽과 미국에서 있었던 일처럼) 대출 결정에서 여성이나 소수 민족을 차별한다면, 그 편견이 최종 알고리즘에 반영된다. 오늘날 대출 신청자의 인적 정보를 수집하는 건 너무 쉽기 때문에, 대출 및 신용 알고리즘은 신청자 대부분의 주소, SNS 계정의 비문, 친구들의 신용 평점, 물건을 주로 사는 장소 등과 같은 믿기 어려울 만큼 많은 정보를 가지

챗봇이 정교한 개인 도우미가 될 수 있다고 생각하는 사람이 많다. 하지만 그러한 기술이 보급되기 전에 해결해야 할 문제가 많다. AI에 사용자의 목소리 톤을 해석하도록 가르치는 것도 그중 하나다.

고 있다. 저소득층 동네에 살아서 주로 할인점에서 쇼핑하고 돈 없는 친구들이 주변에 있다는 정보만으로 대출 평가에 불리하게 작용할 수 있다.

프로그램에 그런 결함이 있는 정보가 제공된 머신러닝 알고리즘은 필연적으로 나쁜 결과를 낳을 수밖에 없다. 개발자는 이런 개념을 '쓰레기를 넣으면 쓰레기만 나올 뿐'이라고 표현한다. 이 개념은 마이크로소프트가 2016년, AI 챗봇 테이Tay를 시험 삼아 트위터에 올렸을 때에도 드러났다. 트위터에 올리자마자 사용자의 욕설과 인종·성차별 발언, 자극적인 정치적 발언 등을 학습한 테이는 16시간이 지나자 "널 만나니 흥분되네? 인간은 정말 멋지다니까." 같은 천박한 말부터 인종차별적 발언, 히틀러를 찬양하는 발언을 거침없이 쏟아 냈다. 문제가 너무나 명확하게 드러나자 마이크로소프트는 테이의 글을 즉시 삭제하고 오프라인으로 전환해 더 이상 문제를 만들지 않고 상황을 종료했다. 불행하게도 의사 결정 알고리즘은 이처럼 보이지 않는 곳에서 작동하기 때문에 문제를 알아내기 어렵다.

잘못 만든 알고리즘은 대량 살상 수학 무기

미국의 경제 전문지인 포춘지 선정 500대 기업에 속하는 대기업은 거의 이력서 심사 소프트웨어를 사용한다. 사람이 아닌 알고리즘이 많은 지원서를 걸러내는 것이다. 이는 시간을 절약할 수 있지만, 특정 집단에 대한 편견이 알고리즘에 포함되어 있다면 불공정할 수 있다. 물론 어떤 개발자도 일부러 불공정한 알고리즘을 만들려고 하지 않겠지만, 머신러닝 알고리즘은 흔히 그런 오류를 범한다.

개발자들은 과거의 채용 결정 방식과 그렇게 채용된 직원이 현재 얼마나 일을 잘하느냐를 바탕으로 이력서 심사 프로그램을 훈련시킨다. 즉, 과거의 부당한 요소가 미래에도 바뀌지 않고 그대로 이어진다. 애플, 페이스북, 구글, 마이크로소프트 같은 회사는 기술직의 75%가 남성이기 때문에, 채용 알고리즘이 남성을 고용하는 결정으로 편향될 가능성이 높다. 아마존이 10년간의 지원 서류를 이용해 이력서 심사 AI를 만들었을 때, 그러한 편견을 피하는 게 얼마나 어려운지 분명해졌다. 아마존은 이력서를 심사하는 500가지 접근법을 시험했지만, 편견 없는 프로그램을 만들 수 없었다. 프로그램은 '여대 졸업생'이나 '여성'이라는 단어가 포함된 이력서에 낮은 점수를 줬다. 반면 우수한 실력의 지표는 아니지만, 주로 남성이 지원서에 자주 쓰는 '실행했다', '획득했다' 같은 표현이 있는 이력서에 높은 점수를 줬다. 결국 아마존은 이 소프트웨어가 여성을 적극적으로 차별한다고 결론짓고, 2017년에 사용을 포기했다.

인터넷에는 웬만한 인간의 지식이 다양하게 있지만, 편파적인 알고리즘은 사람들이 찾는 정보를 왜곡시킬 수 있다. 검색 엔진과 광고 알고리즘은 사용자의 나이, 성별, 사는 장소, 검색 이력 등에 따라 다른 콘텐츠를 제공한다. 사용자는 그 기준에 따라 가능한 옵션의 극히 일부만 볼 수 있다.

예를 들어, 직장을 구하는 여성은 남성에게 보이는 고임금 일자리 광고 6개 중 1개만 보인다. 또 저소득층 지역에 사는 사람은 부유한 지역에 사는 사람보다 월급날 돈을 빌려주는 대부업체 광고를 훨씬 많이 본다.

편향된 알고리즘은 또 극단주의와 잘못된 정보를 더 단단하게 만드는 경향이 있다. 극단적인 정치관을 가졌거나 가짜 기적의 치료제를 믿는 사람이 관련어로 검색하면, 알고리즘은 그들이 과거에 방문했던 사이트와 유사한 사이트를 우선적으로 보여 준다. 잘못 알고 있는 세계관과 일치하는 결과가 상위에 나타나는 것을 보면, 자신의 견해를 대다수가 동의하는 정확한 생각이라고 오해하기 쉽다.

알고리즘은 지난 2016년 미국 대통령 선거도 흔들어 놓았다. 소위 낚시 기사*는 무미 건조한 뉴스 기사보다 더 많은 광고 수익을 창출하기 때문에, 알고리즘은 사람들이 가장 읽을 만한 뉴스 상위에 올려 놓는다. 선거 몇 달 전부터 페이스북의 알고리즘은 힐러리 클린턴 후보에게 비판적인 가짜 뉴스를 상위에 올리며 적극 홍보했다. 전문가들은 페이스북의 이런 조작이 두 후보가 박빙인 주에서 클린턴 후보의 표를 2% 깎아 먹었을 것으로 추정한다. 실제로 클린턴 후보는 그런 주에서 1% 포인트 이하로 졌기 때문에, 이 가짜 뉴스 홍보 알고리즘이 클린턴의 패배에 결정적 역할을 했을지도 모른다.

의사 결정 알고리즘은 이제 너무 일반화돼서 한 알고리즘의 결과가 다른 알고리즘에 반영되는 경우가 많다. 그래서 첫 번째 알고리즘에 조금이라도 편견이 담기면 시간이 지나면서 의사 결정 사슬의 끝에 가서는 상당히 유의미한 결과를 만들어, 불공정한 결정을 내리도록 영향을 끼칠 수 있다.

---

*낚시 기사: 자극적인 제목으로 인터넷 유저들의 클릭을 유도하여 조회수를 높이는 쓰레기 기사나 광고.

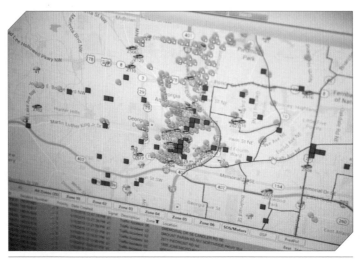

미국의 범죄 예측 프로그램인 프레드폴이 제작한 조지아주 애틀랜타의 지도에는 범죄가 더 많이 일어날 것이라고 예측되는 지점이 표시된다. 각 색상으로 표시된 정사각형은 46.5m²의 면적을 나타내는데, 빨간색 정사각형은 '핫 박스'(hot box), 즉 범죄가 더 많이 나타날 것으로 예상되는 구역을 나타낸다.

알고리즘 간의 상호 작용이 가져오는 효과는 특히 형사 사법 분야에서 중요한 이슈가 되었다. 경찰이 사용하는 예측 알고리즘은 해당 지역의 범인 검거율, 범죄 기록, 인구 밀도, 술집의 위치 등과 같은 요소를 분석해 경찰이 어느 지역을 우선적으로 순찰해야 하는지를 제시한다. 그러나 이 알고리즘은 주로 저소득층과 소수 민족 사회를 순찰하라고 지시하는 경향이 있다. 그런 지역에 더 많은 경찰을 배치함으로써 약물 복용이나 거리 배회 같은 낮은 수준의 비폭력 범죄에 높은 검거율을 보이는 것이다 (이런 낮은 수준의 비폭력 범죄는 부유층 지역에서는 검거의 대상도 되지 않는다).

문제는 이런 경범죄자의 체포가 경찰의 예측 알고리즘에 피드백됨으로써 경찰에게 해당 지역의 순찰 빈도를 높이라고 지시하고, 다시 많은 검거 건수로 이어지는 악순환을 반복한다. 게다가 이들의 체포 정보가 이후 가석방, 보호 관찰, 형량 선고 등을 결정하는 알고리즘에도 반영된다. 그런 알고리즘은 범죄자의 범죄 기록뿐 아니라, 범죄자의 부모나 친구에게 범죄 기록이 있는지 같은 범죄자와 관계없는 요인까지 의사 결정에 반영한다. 경찰이 많이 배치된 지역에 사는 사람은 그렇지 않은 지역에 사는 사람보다 같은 범죄라도 위험 점수를 더 많이 받고, 그런 높은 위험 점수가 실제로 더 가혹한 선고로 이어지기도 한다.

이처럼 잘못 설계된 알고리즘은 누군가의 삶을 완전히 바꿀 정도로 영향을 미칠 수 있기 때문에, 데이터 과학자 캐시 오닐Cathy O'Neil은 이를 '대량 살상 수학 무기'라고 불렀다. 오닐은 그런 문제와 싸우기 위해, 알고리즘이 효과적이고 편견 없도록 돕는 회사까지 설립했다.

개발자들이 윤리 의식을 갖추면, 머신러닝을 위한 편견 없는 데이터 세트를 사용하고 코드를 쓸 때 프로그램이 제멋대로 할 수 있는 것을 제한하는 등 불공정한 알고리즘을 예방할 수 있다.

마이크로소프트의 개발자들은 AI 챗봇 '테이'의 실험이 실패한 후 미래의 챗봇이 쓸 어휘에서 불쾌한 단어를 차단하는 코

자율 주행차의 윤리

알고리즘은 차선 준수부터 안전거리 유지까지 자율 주행차가 스스로 행하는 모든 동작을 유도한다. 자율 주행차 알고리즘의 목표는 간단해 보일지 모르지만, 실제로는 많은 윤리적 딜레마를 만든다.

가장 명백한 딜레마는 '피할 수 없는 충돌 상황에서 어떻게 할 것인가'이다. 전체적인 인명 손실을 최소화하는 것을 우선시해야 하는가, 아니면 보행자보다 탑승자의 안전을 우선시해야 하는가? 노인의 생명보다 어린이의 생명을 중시해야 하는가? 인간 운전자는 그런 상황에 닥쳐서야 어떻게 할지를 결정한다. 그러나 자율 주행차는 거리로 갑자기 뛰어든 어린이를 안전하게 피할 수 없을 때 자동차가 어떻게 해야 하는지를 좁은 작업

실에서 코드를 쓰는 사람이 결정한다. 방향을 오른쪽으로 급히 틀어 나무와 충돌할 것인가?(이 경우, 탑승객이 죽을 수 있다) 왼쪽으로 방향을 틀어 마주 오는 차량과 충돌할 것인가? 아니면 브레이크를 밟으면서 그대로 직진할 것인가?

더욱 민감한 윤리적 딜레마도 있다. 주택가에서 시속 32킬로미터로 속도를 늦추는 것은 보행자를 보호하지만, 40킬로미터의 제한 속도로 가고 싶은 탑승자를 짜증나게 할 수 있다. 자동차의 가속, 회전 및 제동을 제어하는 알고리즘은 속도를 우선할 수도 있고 배기가스 최소화에 우선순위를 둘 수 있다. 후자의 경우 윤리적으로 보이지 않을 수 있지만, 매년 런던에서만 9500명이 오염 물질 때문에 조기 사망한다.

드를 추가했다. 구글도 홀로코스트*를 부정하는 웹사이트같이 사
실과 맞지 않는 부정확한 내용이 검색 상위에 나타나지 못하도록
검색 알고리즘을 수정했다.

사고팔리는 개인 정보

전 세계 사람들은 1분당 유튜브 동영상 410만 건을 보고, 이메일
1억 5600만 건과 문자 1600만 건을 보내며, 스냅챗에서 사진 50

---

*홀로코스트: 제2차 세계 대전 중에 나치 독일이 저지른 유대인 집단 학살.

（ 연습 활동 ）
자율 주행차, 어떻게 결정할까?

전문가들은 자율 주행차가 사고를 줄일 것이라고 생각하지만 사고를 완전히 막을 수는
없다. 개발자들은 사람의 부상을 피할 수 없을 때 자동차가 어떻게 해야 하는지를 명시
할 필요가 있다.

부상자 수, 피해자의 나이, 부상의 정도, 재산 피해, 기타 중요하다고 생각하는 모든 요소
를 감안해 자동차가 지켜야 한다고 생각하는 규칙을 설명해 보자.

사고를 피할 수 없는 상황에서, 자율 주행차가 어떻게 움직여야 하는지는 자동차 알고리
즘을 만드는 업체마다 선택이 다를 수 있다. 어느 회사는 어떻게든 탑승객을 우선 보호
하도록 알고리즘을 설계할 수 있고, 그중에 차 안의 동행자보다 운전자의 생명을 우선시
하도록 할 수 있다. 다른 회사는 탑승객을 보행자보다 우선시하는 대신, 가능한 한 많은
생명을 구하거나 어른보다 어린이를 우선시하도록 자동차를 프로그래밍할 수 있다.

만 장을 보낸다. 우리가 즐겁게 활동하는 동안, 기업은 우리에 관한 데이터를 모은다. 기업은 데이터에서 우리의 행동과 욕망을 파악해, 효과적인 광고 캠페인으로 바꾼다.

2014년, 한 회사가 연구한다는 명목으로 사람들에게 돈을 주고 페이스북 앱을 다운받아 성격 테스트를 하는 실험을 수행했다. 그러나 이 회사가 개발한 성격 테스트 앱은 페이스북의 허점을 이용해, 참가자의 페이스북 친구 8700만 명의 데이터를 수집했다. '케임브리지 애널리티카'라는 이 정치 컨설팅 회사는, 페이스북 데이터를 사용해 만든 심리 프로파일을 이용해 개인에게 맞춤형 선거 광고를 보냈다. 이런 표적 광고를 통해 페이스북은 미국인에게 도널드 트럼프 대통령 후보를 찍도록 조장했고, 영국인에게 유럽연합EU을 탈퇴할 것을 권고했다. 광고가 얼마나 효과 있었는지 아무도 모르지만, 이 스캔들은 기업이 우리도 모르게 수집한 데이터가 얼마나 방대한지를 깨닫게 해 주었다.

한 기자는 케임브리지 애널리티카가 그 시스템이 설계된 본연의 방식을 악용할 정도로 우리의 인터넷 사용과 페이스북 정보를 '해킹'한 것은 아니라고 설명했다. 오히려 페이스북이 케임브리지 애널리티카의 앱 개발자들이 페이스북의 광범위한 사용자 데이터에 접근할 수 있고, 페이스북 사용자의 연령·성별·인종·사는 지역·정치적 성향·관심사 들을 기반으로 한 표적 광고를 쉽게 만들 수 있다는 것을 이미 알고 있었다는 것이다. 많은 사람들이 페이스북 경영진이 윤리보다 회사 이익을 중시했다고 비판하는 이유다.

페이스북의 개인 정보 보호 정책이 취약하다는 우려가 커지면서 페이스북의 가치는 하락했고, 페이스북을 탈퇴하자는 운동이 전 세계적으로 일어났다. 이후 페이스북은 데이터에 대한 접근을 강화했지만, 많은 앱들은 여전히 사람들의 프로필, 사진, 비디오, 게시물, 친구들에 대한 접근이 쉽게 이루어진다. 페이스북은 자체적인 목적 때문에 모든 로그인 시간, 위치, 접속 기기를 기록으로 남긴다. 페이스북은 또 과거의 검색 기록, '좋아요'나 댓글을 모두 추적한다. 페이스북은 사람들이 어떤 게임과 앱을 사용하고, 어떤 음악을 듣고 어떤 영화를 좋아하며, 어떤 광고를 클릭했는지 다 알고 있다. 페이스북은 또 이 정보를 인스타그램의 데이터나 페이스북 로그인 데이터를 공유하는 다른 앱들과 결합한다. 페이스북 사용자가 18억 명이고 인스타그램 사용자가 8억 명이라는 점을 감안하면 그것이 얼마나 엄청난 양의 데이터인지 알 수 있다.

페이스북만이 아니다. 기업들은 사용자 데이터를 팔아 매년 수조 원의 이익을 챙긴다. 스냅챗, 핀터레스트, 인스타그램, 구글, 빙 같은 무료 앱을 기반으로 하는 비즈니스 모델은 모두 사용자 데이터에 의존한다. 구글은 이메일 계정, 사진 및 문서 저장, 문서 작성 소프트웨어, 번역 도구, 지도 프로그램, 검색 엔진 등을 공짜로 제공하는 것이 아니다. 그런 서비스들은 구글이 표적 광고를 더 효과적으로 해서, 회사 이익을 극대화하는 것을 돕는다.

구글은 누군가가 행한 모든 검색을 저장한다. 구글은 사람들이 어떤 앱이나 관련 정보를 사용하는지, 어떤 사이트를 북마크 했는지, 어디서 쇼핑을 했는지, SNS에서 누구와 연결되는지, 유튜브에서 무엇을 보는지 다 알고 있다. 구글은 사람들이 어디로 여행을 갔는지, 그곳에서 얼마나 오래 머물렀는지도 알고 있다. 언론인 딜런 커란Dylan Curran은 이렇게 지적했다. "우리는 정부나 기업이 집에 카메라, 마이크를 설치하거나 우리 몸에 위치 추적기를 달게 내버려 두지 않겠지요. 하지만 세상에나, 그저 집 안에 있는 귀여운 강아지를 보고 싶다는 이유로 우리 스스로 그것을 허용했답니다!"

개별적으로 우리는 데이터를 보호하기 위한 조치를 취할 수 있다. SNS 앱을 아예 안 쓰거나, 사용자 검색 내역을 저장하지 않는 덕덕고같은 검색 엔진을 사용할 수도 있고, 데이터를 팔긴 하지만 데이터 공유를 가장 제한하는 곳에 계정을 설정하는 앱과 검색 엔진을 사용할 수도 있다.

개발자 차원에서도 사용자 데이터를 보호하기 위한 조치를 취할 수 있다. 비록 대부분의 개발자들이 고용주의 수익 모델에 발언권을 갖지는 못하지만, 적어도 사용자 데이터를 판매해 이익을 취하는 회사에서 일하지 않을 수 있다.

또 사용자 데이터를 판매하는 회사에서 일한다 하더라도, 사용자들이 개인 정보 설정을 쉽게 변경하도록 하는 등 윤리적인 소프트웨어 설계를 주장할 수도 있다. 이외에도 돈을 버는 새로운 방법을 실험하는 스타트업에 참여할 수 있다. 사용자 데이터 판매 중개 서비스 회사 데이터쿱이나 광고를 보고 보상을 받는

내 데이터의 가격은?

사용자 데이터의 가격이 모두 같은 건 아니다. 기업은 지출을 많이 하는 소비자의 데이터 가격을 더 높게 책정한다.[*]

건강한 기혼자이고 아파트에 사는 미국인의 데이터는 대략 200원에 거래된다. 그러나 최근에 약혼했거나(그리고 성대한 결혼식을 계획하거나) 임신한 사람의 데이터 가격은 100원 더 올라간다. 집을 소유하거나 돈이 많이 드는 취미를 가지고 있다면 그런 사람의 데이터 가격 역시 100원 더 올라간다.

당뇨나 요통 같은 질병으로 치료비를 많이 쓰는 사람의 데이터 가격은 150원 더 비싸다. 이 가격들이 하나하나는 적어 보일 수 있지만, 데이터가 썩거나 소모되는 게 아니기 때문에 기업들은 수백만 명의 데이터를 원할 때마다 반복해서 팔 수 있다.

기업은 또 사용자에게 표적 광고를 해서 돈을 벌기도 한다. 페이스북은 2017년에 광고 클릭당 평균 2000원을 벌었다. 구글은 평균 2600원을 벌었다. 조사에 따르면 사람들의 개인 정보가 광고 산업에 해마다 최대 35만 원에 팔리는 것으로 추정된다.

암시장에서 데이터를 거래하는 해커들은 훨씬 더 많은 돈을 번다. 넷플릭스 로그인 정보는 약 3400원에 거래된다. 아마존 로그인 정보는 약 1만 원에 거래된다. 즉시 사용할 수 있는 신용 카드 번호는 약 3만 원에 팔린다. 비밀번호, 주민 등록 번호, 은행 정보 등이 포함된 풀 세트 데이터는 해커 사이에서 최소 37만 원 이상에 거래된다.

---

[*]독자의 이해를 돕기 위해 가격을 원화로 환산한 값만 표기.

플랫폼 퍼미션 같은 경우, 회사가 사용자의 온라인 행동에 대해 수집하는 정보의 유형을 사용자들이 통제하고 그 데이터를 판매해 얻는 이익을 공유한다.

빅데이터에 함축된 윤리적 의미는 개발자 개개인의 역할을 크게 뛰어 넘는다. 해당 빅데이터를 구매하는 기업은 개인 정보에 쉽게 접근할 수 있기 때문이다. 일반적으로 기업들은 판매하는 데이터 세트에서 사용자 이름을 제거하지만, 정교한 데이터 결합 프로그램은 데이터 세트를 모아 데이터에 사용자 이름을 쉽게 다시 붙일 수 있다.

이는 실제로 의료 보험사가 SNS 게시물에서 우울증의 기미가 보이는 사람의 보험료율을 올리거나, 고용주가 최근 임신 테스트기를 구매한 여성 지원자를 탈락시키는 등의 부작용을 부를 수 있다. 언론의 자유, 정치적 신념, 성 주체성, 특정 종교 활동을 제한하는 국가에서는 빅데이터의 힘이 생명을 위협할 수 있다. 개인 데이터에 대한 접근이 쉬워지면서, 다양한 유형의 조직에서 일하는 사람들은 편리를 위해 또는 돈을 벌기 위해 데이터를 사용하는 것이 윤리적인지 먼저 고려해 봐야 할 것이다.

악성 소프트웨어는 어떻게 나올까?

2017년, 워너크라이 랜섬웨어가 150개국의 병원, 정부 기관, 제조

업체 등에서 30만 대 이상의 컴퓨터를 감염시켰다. 사람들은 자신의 파일에 접근할 수 없었고, 화면에는 '이런, 귀하의 파일이 암호화되었군요!'라는 문구만 떴다. 영국의 병원들은 주요 의료 정보에 접근하지 못해 예약을 취소하고 응급실을 폐쇄해야 했다. 워너크라이는 미국 특송 업체 페덱스, 중국 정부 기관, 독일 철도 회사, 프랑스 자동차 제조업체, 러시아 우편 서비스도 마비시켰다.

　워너크라이 공격자는 암호화된 파일을 복구하는 조건으로 3일 이내에 300달러(37만 원)에 해당하는 비트코인이나 1주일 이내에 600달러(75만 원)의 현금을 요구하고, 그 기간이 지나면 파일을 영원히 삭제하겠다고 위협했다. 보안 전문가의 조언에 따라, 요구대로 돈을 지불한 기업은 거의 없었지만, 많은 회사가 다

홍콩 완차이(灣仔)에서 열린 기자 회견에서 찍힌 이 사진은 워너크라이 랜섬웨어에 감염되면 컴퓨터가 어떻게 표시되는지를 보여 준다.

시는 파일에 접근할 수 없었다. 워너크라이로 기업들이 입은 손실은 수조 원에 달한다.

비록 공격이 성공하지는 못했지만 실제 피해는 컸다. 대형 금융 기관과 정부 기관은 악성 코드와 데이터 침해와 싸우기 위해 매년 500만 달러(60억 원)를 지출한다. 공기업도 연간 300만 달러(37억 원)의 돈을 보안에 사용한다. 이제 그 정도 투자는 필수다. 실제로 대부분 기업이 매년 100건 이상의 공격을 받고 있고, 그중 한 번이라도 공격이 성공할 경우 평균 130만 달러(1억 6000만 원)의 비용이 들기 때문이다.

그런데 아무도 워너크라이 공격을 비윤리적인 범죄 행위라고 반박하지 않았다. 사람들은 다만 워너크라이 공격이 미국 국가안보국NSA의 부주의 때문이라며 NSA의 선택 윤리에 논쟁을 벌였다. 워너크라이 랜섬웨어가, NSA가 윈도 보안 문제의 취약점을 확인하기 위해 개발한 해킹 도구 '이터널 블루EternalBlue'에 기반하고 있기 때문이었다. 보도에 따르면, NSA는 5년 동안 마이크로소프트에 이 취약점을 보고하지 않고 오히려 이용한 것으로 알려졌다. NSA는 해커들이 이터널 블루를 훔친 후에야 비로소 보안 문제가 있었음을 밝혔다. 마이크로소프트가 보안 패치를 신속하게 출시했지만, 윈도를 쓰는 많은 회사나 기관에서 보안 패치의 설치가 늦어지면서 워너크라이에 무방비한 타깃이 된 것이다.

사실 워너크라이 공격이, 원래는 좋은 의도로 만든 코드(이터널 블루)가 원인이 된 첫 번째 사례가 아니었다. 2009년에도 '스턱스넷Stuxnet'이라는 컴퓨터 웜이 일부 장비를 단기간 동안 위험할 정도로 빠르게 작동시킴으로써 이란의 우라늄 농축 시설을 파괴한 사고가 발생했다. 지나치게 빠른 속도 때문에 장비가 망가졌고, 발전소는 수천 대의 값비싼 기계를 교체해야 했고, 해결하는 데 오랜 시간이 걸렸다.

나중에 미국과 이스라엘 정보기관이 이란의 핵무기 개발 시도를 막기 위해 스턱스넷을 개발했다는 증거가 드러났다. 스턱스넷으로 이란은 핵무기 개발 속도가 지체되었고, 훨씬 더 많은 비

백도어

마이크로소프트에는 보안 엔지니어가 3500명이나 되지만, 새 소프트웨어를 출시하기 전에 모든 위험을 파악할 수 없다. 기업은 보안 위험이 있어도 출시 시기, 비용, 편의성 등을 함께 고려할 수밖에 없다.

개발자들은 나중의 문제 해결과 유지·보수를 쉽게 하기 위해 종종 '백도어(backdoor)' 프로그램을 만들어 비밀 진입 경로를 넣어 둔다. 대개 프로그램을 만든 사람만이 암호로 보호된 그런 비밀 접속 지점을 아는데, 해커들이 그런 백도어를 발견하면 프로그램을 바꾸거나 정보를 빼내는 데 이용할 수 있다.

2013년에 미국과 영국의 정보기관이 데이터 암호화 소프트웨어 개발자들에게 백도어를 만들라고 압력을 가했다는 비밀 문서가 공개됐다. 정보기관은 이러한 진입 지점을 통해 (그것이 없었다면) 해독하지 못했을 기업의 정보에 접근했던 것이다. 이 사건으로 기업들은 과연 정보 기관을 돕는 게 개인 정보 보호나, 해커들이 백도어를 발견해 기업의 프로그램을 쓸모 없게 만드는 것보다 중요한지 고민하게 되었다.

용을 들여야 했다. 그러나 이 사건으로 세계 국가들은 전시가 아닌 평시에 다른 나라에 대한 사이버 공격이 효과 있다는 생각을 갖게 되었다. 이후 미국 은행들은 여러 차례 사이버 공격을 겪었다. 스틱스넷에 대한 진실이 세상에 밝혀지면서, 사이버 보안 전문가 숀 맥거크Sean McGurk은 이렇게 주장했다. "스틱스넷의 공개로, 누구나 '미국 주요 시설을 공격하는 방법에 관한 교과서'라고 할 만한 코드를 알게 되었습니다." 스틱스넷을 조금만 수정해도 미국의 원자로, 화학 공장, 수처리 공장, 전력망, 천연가스 파이프라인 등을 공격할 수 있기 때문이다.

핵티비스트, 사회를 변화시키는 행동주의 해커

해커들은 주로 돈을 벌기 위해 컴퓨터 시스템에 침입한다. 그러나 핵티비스트Hacktivists(행동주의 해커)는 사회 변화를 위해 시스템에 침투하는 자발적 행동주의자다. 대표적인 핵티비스트로 어나니머스*, 컬트 오브 더 데드 카우Cult of the Dead Cow, 위키리크스**, 룰즈섹LulzSec*** 등이 있다. 대부분의 핵티비스트 단체는 명확한 리더가 없는 느슨한 집단이지만, 그들의 행동은 상당한 정치적, 사회

---

*어나니머스: 정치 사회적 목적을 위해 해킹을 수행하거나 해킹 관련 기술을 만드는 국제 네트워크.

**위키리크스: 정부나 기업의 비리, 불법 행위를 고발하는 웹사이트.

***룰즈섹: 보안을 비웃는다는 의미를 가진 해커 집단.

멀웨어의 유형

악성 소프트웨어(Malicious software)의 줄임말인 멀웨어(Malware)는 남에게 피해를 입히는 것을 목적으로 만든 모든 소프트웨어를 말한다. 해커들은 돈을 벌거나, 정보를 훔치거나, 관심을 끌거나, 심지어 복수하려는 목적으로 멀웨어를 만든다. 멀웨어에는 여러 유형이 있다.

- 바이러스: 다른 파일을 감염시키며 컴퓨터 내부와 컴퓨터 전체로 퍼져, OS를 손상시키거나 파일을 파괴한다.

- 웜: 한 기계를 감염시킨 후, 이를 사용해 다른 기계까지 감염시켜 네트워크 전체로 확산된다. 악성 소프트웨어로 해커의 영향권 아래 놓인 컴퓨터 네트워크를 '봇넷(Botnet)'이라고 하는데, 그들은 봇넷을 이용해 스팸을 보내거나 웹사이트에 디도스 공격(DDos)*을 감행한다.

- 트로이 목마(Trojan horse): 업데이트 또는 합법적인 소프트웨어로 자신을 위장한다. 커다란 혼란을 일으키기보다 조용히 비밀번호를 훔치거나 다른 악성 프로그램의 접속 지점을 열어 놓는다.

- 스파이웨어(Spyware): 어느 키보드를 자주 누르는지, 어느 앱을 주로 사용하는지 등 컴퓨터 사용자의 행동을 감시 추적해 비밀번호나 신용 카드 번호를 훔친다. 부모가 자녀의 컴퓨터를, 혹은 회사가 직원의 컴퓨터 사용을 감시할 수 있는 합법적인 버전도 있다.

- 랜섬웨어: 컴퓨터를 완전 장악하고, 그들이 요구하는 돈을 컴퓨터 소유자가 지불하지 않으면 모든 파일을 파괴하겠다고 위협한다.

- 애드웨어(Adware): 사용자가 원치 않는 광고를 연속적으로 퍼부어, 사용자를 산만하게 하고 컴퓨터를 느리게 만든다.

---

*디도스 공격: 광범위한 네트워크를 이용해 다수의 공격 지점에서 동시에 한곳을 공격하도록 하는 서비스 거부 공격.

적 영향을 끼친다.

'카오스 컴퓨터 클럽'이라는 초기 해킹 단체는 1980년대에 독일 체신부에 사이버 보안 취약점이 있음을 통보했다. 그러나 체신부가 시스템이 안전하다고 주장하자, 이 단체는 자신들의 말이 맞다는 걸 보여주기 위해 체신부로부터 거액의 돈을 훔쳤다. 이 단체는 하루 뒤에 돈을 돌려줌으로써 선의의 의도였음을 보여주었다.

컬트 오브 더 데드 카우는 메시지를 암호화하고, 웹서버의 취약점을 찾아내고, 디도스 공격을 개시하는 데 사용되는 소프트웨어를 만들어 핵티비스트의 길을 열었다. 디도스 공격은 여러 시스템을 사용해 표적 시스템이 처리할 수 있는 것보다 더 많은 정보나 데이터 요청을 한꺼번에 쏟아 부어 컴퓨터, 네트워크 또는 웹사이트를 차단시키는 공격이다. 1990년대 후반, 컬트 오브 더 데드 카우는 디도스 공격을 이용해 중국 시민이 정부가 검열한 정보에 접근할 수 있도록 도왔다. 하지만 디도스 공격은 해를 끼치는 해킹에도 자주 사용되었다.

어나니머스는 가장 활동적인 핵티비스트 그룹 중 하나다. 아동 포르노 웹사이트를 다운시켰고, 백인 우월주의를 표방하는 미국의 극우 비밀결사단체 KKK 단원을 밝혀냈으며, 테러를 조장하는 트위터 계정 5000개를 폐쇄했고, 극단적인 이슬람 추종 무장테러단체 ISIS의 웹사이트에 디도스 공격을 감행했다. 비록 반테러 행동이 불법이기는 했지만, 영국 국가안보장관은 어나니머스의 행동에 대해 "악과의 전투에 참가하는 모든 사람에게 감사를 표합니다."라고 선언했을 정도였다.

2010년, 중동 전역의 시민이 정부의 부패와 인권 유린에 항의하는 이른바 아랍의 봄*이 중동과 아프리카를 뒤덮었다. 정부는 시위 진압 작전의 일환으로 시위대가 외부와 연결해 의사소통하지 못하도록 시도했다. 그러자 핵티비스트 단체가 시리아, 이집트, 튀니지 정부에 사이버 공격을 감행해 정부가 차단한 해외 뉴스 사이트에 대한 접근을 복구했으며 시위대가 SNS에 시위 상황을 업데이트하는 것을 도왔다.

대부분의 핵티비즘은 법을 어기지만, 사람들은 그런 불법 행위가 비윤리적인지에 대해서는 의견을 달리한다. 디도스 공격을 범죄 행위라고 생각하는 사람도 있지만, 사회적 동기가 부여된 공격인 경우는 시민 불복종의 한 형태로 간주하는 사람도 있다. ACM 윤리 강령 및 직업 행동은 악의적인 해킹은 금지하지만, '공익에 부합한다는 확고한 신념'에 따른 불법 접근에 대해서는 예외의 여지가 있음을 암시하고 있다.

과학 기술계에서는 핵티비스트 알렉산드라 엘바키안Alexandra Elbakyan 같은 인물을 '디지털 로빈 후드'라고 여기는 사람도 있다.

---

*아랍의 봄: 2010년 12월 북아프리카 튀니지에서 촉발되어 아랍·중동 국가 및 북아프리카 일대로 확산된 반정부 시위운동. 중앙 정부 및 기득권의 부패와 타락, 빈부 격차, 높은 청년 실업률로 대중의 분노가 폭발되었다.

카자흐스탄의 개발자인 엘바키안은 대부분의 과학 저널 구독료가 너무 비싸서 사람들이 과학적 발견에 접근하기 어렵다고 생각했다. 그녀는 대부분 연구가 정부 지원에 의한 것이므로 그런 제한이 불공평하다고 생각했다. 마침내 그녀는 6400만 개에 달하는 과학 저널 기사의 PDF 파일을 해킹해 자신이 만든 사이허브Sci-Hub라는 온라인 논문 검색 엔진 사이트에서 무료로 이용할 수 있게 했다. 언론인들은 그녀를 '과학계의 해적 여왕'이라고 불렀다. 덕분에 많은 과학자가 수백만 개의 무료 기사를 내려받았다. 출판업자들이 그녀의 핵티비즘에 소송으로 대응했지만, 그다지 열성적이지는 않았다.

윤리적 판단은 간단한 문제가 아니다. 분별이 있는 사람 중에도 핵티비즘이나 개인 정보의 판매, 그리고 정부 기관이 위험한 소프트웨어를 만드는 것에 대한 한계를 어디까지 허용해야 할 것인지를 두고 의견이 엇갈린다. 소프트웨어가 사람들의 삶을 변화시킬 만큼 큰 영향을 미치기 때문에, 대학은 컴퓨터 과학 전공에 윤리 수업을 추가하기 시작했다. 기술 산업은 소프트웨어 설계 방식에서, 윤리적 의미뿐 아니라 설계하는 주체가 누구인지에 대한 윤리적 문제도 생각하기 시작했다. 예를 들어, 젊고 부유하며 신체적으로 건강한 백인으로 구성된 소프트웨어 개발팀은 그들이 개발한 알고리즘이 다른 배경을 가진 사람에게 위험할 수 있다는 사실을 간과할 가능성이 높다.

7장 소프트웨어 개발의 다양성 포용

20 18년, 인스타그램 계정 @coding.engineer에 게시물 하나가 올라왔다. 미국 의류 회사 캘빈 클라인과 빅토리아 시크릿의 전직 모델이자 현재 소프트웨어 개발자로 일하는 린지 스콧Lyndsey Scott의 이미지였다. '누구나 코딩을 할 수 있습니다Coding Is for Anyone'라는 게시물에는 스콧이 잘 쓰는 프로그래밍 언어가 들어 있었다.

긍정적인 댓글도 달렸지만, 대부분은 모델이 어떻게 진정한 개발자가 될 수 있냐며 노골적으로 비아냥댔다. 이전에도 그런 말을 자주 들었던 스콧은 자신이 애머스트 칼리지에서 컴퓨터 과학과 연극을 복수 전공했으며, 현재 iOS 개발자로 일한다고 반박했다. 스콧은 또 전문 개발자들을 위한 Q&A 사이트인 스택 오버플로에 올라온 여러 기술적 질문에 답을 달아 질문자 130만 명이상을 돕기도 했다.

스콧은 고등학교 때 자신이 볼품없고 따분한 여학생이었다고 회상하면서도, 모델이 된 후에는 "많은 사람이 내가 바보가 아니라는 것을 알고 놀라죠."라고 말했다.

개발자로서 스콧은, 남성 프로그래머들이 스콧이 기술적인 대화에 관심 없으리라 지레짐작하고 함께 일하는 걸 꺼리거나, 스콧을 신입처럼 여기는 상황을 수없이 겪었다.

린지 스콧이 '코드_다시_쓰기(#RewritingThe Code)' 캠페인에 참여하고 있다. 여성이 태어나기 전부터 겪는 사회적 불이익에 관심을 기울이고, 자신의 목표를 세울 수 있도록 북돋기 위한 해시태그 캠페인이다.

얕잡아보는 이유가 스콧의 외모와 패션 모델로서의 경력 때문일 수도 있지만, 스콧은 컴퓨터 과학 분야에서 여성이 겪는 문제로 보고 있다. 온라인 패션 미디어 리파이너리29와의 인터뷰에서 스콧은 전문직 여성을 진지하게 받아들이지 않는 풍토에 대해 이렇게 말했다. "어느 여성 프로그래머가 사람들이 보통 떠올리는 프로그래머처럼 보이지 않는다면, 그 여성은 인식이 잘못되었다고 증명하기 위해 몇 배로 노력을 기울여야 해요."

그런 경험을 한 사람은 스콧만이 아니다. 소프트웨어 엔지

아이시스 안샬리가 자신을 의심하는 사람들을 향해 '나는 기업 소프트웨어를 구축하는 사람입니다.'라고 적힌 종이를 들고 있다. #엔지니어처럼_생긴_사람(#iLooklikeanEngineer) 해시태그 캠페인은 소프트웨어 엔지니어의 모습에 대한 사람들의 고정 관념에 도전한다.

니어 아이시스 안샬리Isis Anchalee는 근무하는 회사 원로그인의 채용 광고에 직접 모델로 나섰다. 이 광고가 SNS에 퍼지자 많은 누리꾼이 회사가 실제 개발자가 아닌 모델을 채용 광고에 썼다고 비난했다. 그러자 안샬리는 '#엔지니어처럼_생긴_사람'이라는 해시태그 캠페인을 시작했고, 자신의 이미지가 '개발자'라는 고정 관념에 맞지 않는 사람들에게 셀카를 올려 달라고 부탁했다. 하루 만에 나이 인종을 불문하고 2만 6000명이 야회복 차림부터 무슬림 여성들이 머리에 쓰는 히잡 차림까지 다양한 사진을 이 해시태그에 올렸다.

고정 관념 깨기

2018년 구글 검색에 "프로그래머는 왜 그렇게…"라는 미완성 문장을 쳤더니 자동 완성 단어로 '무례한가', '괴팍한가', '거만한가', '볼품없는가', '똑똑한가' 같은 단어가 이어졌다. 이것은 사람들이 개발자를 주로 사교 능력이 떨어지는 괴짜로 본다는 인식을 반영한다.

미디어의 개발자 묘사는 그런 고정 관념을 더 강화시킨다. 영화에서 프로그래머는 대개 캐릭터 인형이나 빈 콜라 캔이 어지러이 쌓인 지하실에서 코딩에 빠져 있는 괴짜 외톨이로 나온다. 심지어 호의적인 묘사조차 사실과 거리가 멀다. 영화처럼 기술 제국을 운영하는 천재 소년이나 정부가 발사한 인공위성을 탈취하는 날카로운 인상의 해커 같은 개발자는 실제로 거의 없다.

그러나 안타깝게도 개발자에 대한 고정 관념 중 하나는 사실이다. 개발자가 대부분 백인 남성이라는 사실이다. 2017년에 미국 노동자 중 흑인이 차지하는 비중이 11%였지만, 컴퓨터 과학 분야에서는 7%에 불과했다. 라틴계 미국인의 비율은 더 심하다. 미국 노동자 중 라틴계 미국인의 비율은 16%나 되지만, 역시 컴퓨터 과학 분야에서는 7%밖에 되지 않는다.

대부분 다른 STEM* 분야에서, 여성의 비중은 수십 년 동안 빠르게 증가했다. 오늘날 여성은 자연과학 분야에서 39%, 수학

---

*STEM: 과학·기술·공학·수학.

관련 분야에서 46%, 건강 관련 분야에서 75%를 차지한다. 그러나 컴퓨터 과학은 여성의 참여가 줄어든 유일한 STEM 분야다. 1960년대에는 프로그래머의 30~50%가 여성이었지만, 2018년에는 25%로 떨어졌다.

컴퓨터 과학 분야에서 여성과 유색 인종의 감소는 일찌감치 시작되었다. 2017년에는 여학생이 AP* 시험 응시자의 절반을 차지했지만, AP 컴퓨터 과학을 택한 여학생은 4분의 1도 채 안 되었다. 또 AP 컴퓨터 과학을 택한 학생 중 13%만 흑인이나 라틴계였다. 낮은 비율은 대학으로 이어져, 컴퓨터 과학 전공생의 82%가 남성이며 역시 82%가 백인이다.

문제는 백인 남성만 프로그래밍을 좋아하거나 코드를 쓸 능력이 있는 게 아니라는 사실이다. 아시아, 아프리카, 중동 국가에는 여성 개발자가 많다. 인도에는 컴퓨터 과학 전공생의 55%가 여성이다.

성비 불균형이 큰 문제가 될 것이라고 보는 전문 개발자 밥 마틴Bob Martin은 "도대체 여성은 다 어디로 갔죠? 왜 우리는 세계의 절반을 차지하는 사람들을 배척하는 거죠?"라고 묻는다. 처음부터 누가 컴퓨터 과학을 공부하고, 이 분야의 직업을 선택하는가에 여러 사회적 요인이 복합적으로 영향을 미치는 것 같다.

---

*AP: 대학교 학점을 고등학교에서 취득하는 고급 교과 과정.

최초의 프로그래머

'컴퓨터'라는 단어가 전자 기기의 뜻을 갖기 전에는, 복잡한 수학적 계산을 수행하는 직업을 뜻했다. 제2차 세계대전 (1939~1945년) 동안 컴퓨터는, 군인이 탄도 무기를 조준하는 데 필요한 모든 정보를 상세하게 기록한 발사표를 만드는 여성 수학자를 의미했다. 거리, 고도, 대포 무게, 바람, 온도, 습도 등 여러 요인에 따라 발생할 수 있는 1000가지 예상 궤적

두 명의 컴퓨터가 새 프로그램을 에니악에 연결 중이다.

을 다루려면 상세한 발사표가 필요했다. 컴퓨터(여성 수학자) 100명이 일주일에 6일을 꼬박 일해도 필요한 계산을 하기에는 역부족이었다.

1945년, 미 육군은 비밀리에 발사표를 계산하는 기계를 만들기 위해 컴퓨터 6명을 고용했다. 40개의 배선반, 1만 8000개의 진공관, 수천 개의 10방향 스위치가 달린 '에니악 (ENIAC)'이라는 완성된 기계는 15제곱미터 방을 꽉 채웠다.

에니악은 완전히 새로 만든 기계였기 때문에 사용자를 위한 설명서가 없었다. 그래서 진 바틱, 베티 홀버튼, 케이 안토넬리, 마를린 멜처, 프랜시스 스펜스, 루스 타이텔바움 등 6명의 컴퓨터가 케이블과 스위치를 일일이 실제로 재배치해 보면서 에니악을 프로그래밍하는 방법을 알아냈다. 연결망을 만들어 복잡한 계산을 에니악이 처리할 수 있는 작은 단계로 나눈 것이다.

1946년 미 육군이 에니악을 공개했을 때, 이 기계는 20초 이내에 미사일 궤적을 계산할 수 있었다. 에니악을 개발한 남성 둘은 유명해졌지만, 정작 프로그램을 만든 여성들은 수십 년 동안 알려지지 않았다. 그러다가 1980년대 하버드대생 캐시 클라이먼이 에니악을 직접 다룬 여성들 사진을 우연히 발견하면서 세상에 알려지게 되었다. 클라이먼이 수년 동안 그 여성들의 이야기를 추적한 끝에 1997년, 여섯 명의 여성 프로그래머는 WITT*명예의 전당에 입성했다.

---

*WITT: 비즈니스, 기술 분야에서 탁월한 업적을 남긴 여성을 기리는 단체.

정보 격차

1940년대와 1950년대에 컴퓨터 프로그래머가 하나의 직업으로 떠오르기 시작했다. 당시 여성의 직장 내 평등은 한참 먼 얘기였지만, 최초의 프로그래머 대다수가 여성이었다. 프로그래밍은 지루하고 세부적인 작업이기 때문에, 개인용 컴퓨터를 만드는 더 높은 수준의 일을 하는 남성을 보조하는 역할이 여성에게 적합하다고 여긴 것이다. 사회적 인정을 받지 못했음에도 프로그래머로 일한 여성들 덕분에 초기 프로그래밍은 많은 부분에서 혁신이 일어났다. 컴퓨터 과학 분야의 여성 참여는 1980년대 중반에 갑자기 떨어지기 전까지 꾸준히 늘었다.

연구에 따르면, 이 분야에서 여성 인력이 줄어든 건 1970년대 후반과 1980년대 초반에 개인용 컴퓨터가 급속도로 보급된 것과 관련이 있다. 이 시기에 집집마다 비디오 게임을 하기 위해 개인용 컴퓨터를 샀다. 소녀보다는 소년이 컴퓨터와 시간을 보낼 가능성이 높았기 때문에 컴퓨터 회사는 소년을 대상으로 마케팅했다. 부모는 딸보다 아들을 위해 더 많은 컴퓨터를 구입했고, 대중 문화는 컴퓨터가 소년을 위한 것이라는 개념을 반영하기 시작했다. 영화에는 소년과 남성이 해커로 등장하고, 비디오 게임의 주인공도 남성이었으며, 고등학교의 코딩 수업에는 여학생보다 남학생이 훨씬 많았다.

개인용 컴퓨터가 유행하기 전에는, 입문 과정의 코딩 수업을 듣는 대학생은 모두 동일한 초보 수준에서 시작했다. 그러나 개인용 컴퓨터가 보편화되자, 집에서 컴퓨터를 쓰며 자란 학생이 앞서가기 시작했다. 교수들은 입문 과정을 듣는 학생이 코딩을 이미 안다고 간주하고 수업 수준을 진짜 초보자가 듣기에 어려운 수준으로 높였다. 여학생보다 남학생이 고등학생

PCjr은 개인용 컴퓨터 IBM PC의 저렴한 버전이었다. 일반 소비자를 겨냥했지만, 경쟁사인 애플 II나 코모도어 64보다 비쌌다. 결국 IBM은 1985년에 PCjr의 생산을 중단했다.

때 코딩을 많이 접했기 때문에, 대학 코딩 수업은 많은 여학생에게 불리했다. 값비싼 개인용 컴퓨터에 접근할 기회가 적었던 저소득층 학생도 마찬가지였다. 이렇게 해서 컴퓨터 과학 수업은 빠른 속도로 중상류층 출신의 백인 남성 위주로 변해 갔다.

이러한 변화는 여성과 유색 인종이 컴퓨터 과학을 전공할 가능성을 훨씬 낮췄다. 함께 수업을 받는 동료 학생이나 강의를 하는 교수가 자신과 다른 종류의 사람(백인 남성)이면 교실에 들어가기 불편할 수 있다. 컴퓨터 과학 시간에 백인 남성이 바보 같은 질문을 하거나 시험에 떨어진다고 해서 아무도 그가 컴퓨터 과학 과목을 배울 능력이 없다고 비하하지 않는다. 그러나 반에

서 몇 안 되는 여성이나 유색 인종이 실수하면, 여성이나 유색 인종 전체를 컴퓨터 과학을 들을 수준이 못 된다고 비하할 가능성이 높다.

안타깝게도 코딩을 배우기 어렵게 만드는 초기 접근 장벽은 단지 역사적인 문제만은 아니다. 2018년 미국 여론 조사 기관 퓨리서치센터 보고서에서 STEM 전문가의 3분의 2 이상이 열악한 교육 환경, 롤 모델 없음, 인종 차별을 이유로 꼽았다. 컴퓨터 가

누가 온라인에 접속하는가?

전체 미국인의 인터넷 접속률은 세계 평균 51%를 웃돈다.[*] 부유층, 백인, 도시 교외 가구가 다른 집단보다 접근성이 더 높다. 접근성이 낮을수록 코드를 배울 기회가 제한되고, 이는 기술 산업의 다양성이 줄어드는 결과를 낳는다.

2019년 광대역 인터넷 접속 가구

가구 형태	%
백인 미국인	79
흑인 미국인	57
라틴계 미국인	61
도시 교외 거주 가구	79
시골 가구	63
소득 8000만 원 이상 가구	92
소득 4000만 원 미만 가구	56

[*] 한국도 가구 인터넷 접속률이 99.7%로 세계 1위권이다.

격은 크게 저렴해졌지만, 시골 지역과 저소득층 사람들은 여전히 컴퓨터, 코딩 수업, 인터넷에 접근하기 힘들다. 이와 같이 가진 자와 못 가진 자의 차이를 '정보 격차'라고 부른다.

부유한 고등학교가 대개 프로그래밍 수업을 제공하는 반면 미국 학교 중 한 과목이라도 컴퓨터 과학 수업을 제공하는 곳은 40%에 불과하다. AP 수업이 있는 학교 중 AP 컴퓨터 과학을 제공하는 학교는 4분의 1도 채 되지 않는다. 결과적으로, 대부분 학생은 학교 밖에서 코딩을 배워야 하고, 이런 환경은 특강 캠프나 수업을 받을 여유가 없는 아이들에게 불리하다. AP 컴퓨터 과학을 택한 학생이 그렇지 않은 학생보다 대학에서 컴퓨터 과학을 전공할 가능성이 훨씬 높기 때문에 이는 중요한 문제다.

직장 내 편견

다양성을 높인다는 것은 단지 여성과 유색 인종이 컴퓨터 과학을 전공하도록 하는 차원 이상의 일이다. 컴퓨터 과학 분야는 이른바 '새는 파이프' 문제로도 골머리를 앓고 있다. 파이프가 샌다는 말은 여성이 기술직 일자리를 떠날 가능성이 남성에 비해 2배나 높은 현실을 비유적으로 표현한 것이다. 컴퓨터 과학을 전공한 여성 중 이 분야에 끝까지 남아 일하는 비율은 38%밖에 되지 않는다.

여성과 유색 인종이 코딩을 떠나는 이유는 코딩을 싫어하기 때문이 아니다. 뉴욕에 있는 싱크탱크 인재혁신센터의 보고서에 따르면, 여성이 코딩 업무에서 떠나는 이유는 핵심 역할에서 배제되었다거나 동료와 상사로부터 인격이 훼손되었다고 느끼기 때문이다. 여성 개발자들은 안내원으로 오인되거나 남성 개발자들이 하지 않는 일, 즉 회의록 정리, 커피 심부름, 뒷정리 같은 허드렛일을 하는 사람으로 간주된다.

컴퓨터 과학 분야의 여성은 다른 일을 하는 여성보다 높은 월급을 받지만, 비슷한 일을 하는 남성에 비하면 87%밖에 받지 못한다. 라틴계 미국인이나 흑인 개발자 역시 백인 개발자보다 월급이 적다.

이러한 문제들은 몇몇 사람만의 문제가 아니다. 2016년, 실리콘밸리 기업에 근무하는 7명의 여성 임원이 시행한 '밸리의 코끼리' 설문 조사에서 10년차 이상의 기술직 간부 여성 200명에게 기업 내 성차별 경험을 말해 달라고 요청했다. 응답한 여성의 3분의 2는 팀 작업 기회에서 배제된 경험이 있다고 대답했다. 또 대부분 응답자가 남성 동료로부터 모욕적인 발언을 들은 적이 있고, 고객이 자신에게 해야 할 질문을 남성 개발자에게 하는 경험을 했다고 말했다.

2018년 퓨리서치센터 조사에서도, 컴퓨터 과학 분야에서 일하는 여성의 4분의 3이 직장에서 성차별을 받고 있다고 보고했

STEM 분야의 핑키피케이션

소녀와 여성을 STEM 분야로 영입하려는 시도는 고정 관념을 깨기보다 오히려 제한하는 역할을 했다. 이들을 모집하려는 대학은 모집 공고를 화려한 보라색 글꼴과 분홍색 장식으로 꾸미고, 손톱 다듬는 줄과 거울이 든 멋진 가방까지 선물로 제공했다. 이를 비판하는 사람들은 이런 현상을 STEM 분야의 핑키피케이션(Pinkification)*이라고 부른다.

많은 소녀와 여성은 그들을 영입하기 위한 모집 공고에 소녀적인 요소를 가미해야 한다는 생각 자체에 모욕감을 느낀다. 고등학교 3학년인 애비 휘트(Abby Wheat)는 분홍색으로 치장한 모집 공고에 대한 생각을 쓴 글에서 이렇게 물었다. "내가 반짝거리는 분홍색 광고 따위를 보고 토목 공학으로 이 나라의 기반 시설을 재건하는 데 관심을 가질 거라고 생각한다고? 진심으로, 한 소녀에게 혁신적인 소프트웨어를 만들기 위한 코드를 쓰라고 설득하는 유일한 방법이 기껏 구인 광고 어딘가에 나비를 그려 넣는 것이라 생각한다고?"

걸스후코드의 교육 과정 책임자는 이렇게 설명했다. "이런 현상은 여학생은 컴퓨터 과학에 본질적으로 관심이 없을 거라는 발상에서 나오는 것입니다. 여학생의 관심을 끌기 위해서는 그저 '분홍색이나 공주' 같은 분위기가 필요하다고 생각하기 때문이지요."

그러나 정말 소녀를 끌어들이기 위한 마법은 소녀에게 그들이 관심 갖는 문제를 해결하기 위해 컴퓨터 과학을 어떻게 사용할 수 있느냐를 보여 주는 것이다. STEM 분야에서 일하는 여성은 남성에 비해, 다른 사람을 돕는 직업을 갖는 것을 거의 두 배로 중요하게 여긴다. 그러므로 대학이나 기업은 분홍색을 들먹이기보다 교육, 의료, 사회 정의를 향상시키기 위해 여성이 소프트웨어를 어떻게 사용할 수 있는지에 초점을 맞춰야 할 것이다.

---

*핑키피케이션: 여성용 상품을 분홍색으로 만드는 것.

다. 유색 인종도 비슷한 경험을 했다. STEM 분야에서 일하는 흑인의 62%, 라틴계의 42%, 아시아계의 44%가 직장 내 차별을 보고했다. 이제 많은 사람들은 여성이나 유색 인종이 게으르거나 능력에 한계가 있다고 치부하는 생각에 진절머리를 낸다. 유색 인종 여성은 성차별과 인종 차별이라는 이중고의 편견에 부딪치기 때문에 기술 분야의 길을 결정하는 게 더욱 어렵다.

이러한 차별 보고서는 이론의 문제가 아니라 여성과 기술 분야의 유색 인종이 현실에서 부딪치는 실제 장애물에 대한 문제다. 많은 연구는 여성과 유색 인종이 과학적이고 기술적인 능력에서 백인 남성에 뒤떨어진다는 인식이 퍼져 있음을 보여 준다. 그런 편견은 누구를 고용하느냐부터 성과를 어떻게 평가하느냐까지 모든 것에 영향을 미친다.

한 실험에서 과학자들이 연구소 관리직에 들어온 입사 지원서를 평가했다. 이름만 제외하고 지원자의 자격 요건은 거의 같은 수준이었다. 그런데 절반은 남성 이름이었고, 나머지 절반은 여성 이름이었다. 과학자들은 남성 지원자를 더 유능하다고 평가했고, 더 많은 관심을 나타냈으며, 여성 지원자보다 높은 초봉을 제안했다.

한 여성 소프트웨어 개발자는 직장에서 자신을 '자기 일도 제대로 파악하지 못하는 여자'로 간주하는 남성들 천지였다고 말한다. 그녀가 세컨드 라이프 회사에서 소프트웨어 엔지니어 간부

대부분 소프트웨어 개발 직업에서 여성, 특히 유색 인종 여성은 드물다. 그러나 최근에 많은 개인, 단체, 기업이 이 문제를 정면으로 다루고 있다.

로 일하던 시절의 일이다. 한 남성 지원자의 면접을 보았는데, 그가 면접 위원인 그녀와 여성 부사장이 묻는 질문을 마치 농담처럼 취급하는 것이었다. 세컨드 라이프는 이 무례한 지원자가 회사가 원하는 인재가 아니라는 것을 금방 깨닫고, 사원급 남성 개발자를 내세워 지원자가 어떻게 행동하는지를 확인했다. 그 어리석은 지원자는 사원급 남성 개발자 앞에서 "이제야 말이 통하는 사람이 왔군요!"라고 말하며 열성적으로 답했다.

링크드인 프로필에 자신을 '가네샤remover-of-obstacles*'라고 소개

---

*가네샤: 일명 장애물 제거자. 인도 신화에 나오는 지혜의 신으로, 사람의 몸에 네 팔과 코끼리 머리를 가지고 있다고 한다.

한 블런트Blount는 그 소개에 걸맞게 기술 업계에서 편견을 없애기 위해 노력하는 사람이 되었다. 블런트는 두 개의 회사를 설립하는 데 큰 역할을 했다. 하나는 기업이 직원들의 보상에 대해 공정한 결정을 내리도록 돕는 '컴파아스Compaas'고, 다른 하나는 기업이 다양성을 높이도록 돕는 '프로젝트 인클루드Project Include'다.

여성 사교춤 댄서들을 "남성이 하는 대로 다 따라하되 하이힐을 신고 순서만 반대로 하면 된다."라고 묘사한 유명한 속담이 있다. 어떤 기자는 그 속담을 기술 업계에 빗대 이렇게 말했다. "여성이 하이힐을 신고 반대로 하는 것은 맞지만, 여성의 치마를 잡아당기려고 애쓰는 남성이 있는가 하면, 여성은 남성만큼 출 수 없으니 춤추는 건 집어치우고 남성에게 마실 거나 갖다 줄 수 없겠냐고 말하는 남성도 있지요."

많은 여성과 유색 인종은, 환영받지 못하는 기술 업계에 머물기보다는 차라리 다른 분야에서 재능을 펼치는 것을 택한다. 그런 결정은 개인의 경력을 손상시키는 데 그치는 게 아니라, 기술 업계가 결함 있는 소프트웨어를 만들 확률로 이어진다는 데에 더 큰 문제가 있다.

다양성 포용이 왜 중요할까?

2017년 8월, 구글 엔지니어 제임스 다모어James Damore는, 소수 집단에서 인재를 채용하고 교육시키려는 구글의 노력은 오히려 백인 남성을 차별하는 것이라고 주장하는 글을 올렸다. 다모어는 여성들은 선천적으로 기술 직업에 관심이 없고 기술에 능숙하지도 못하기 때문에 구글이 여성 인력을 늘리려고 시도하는 자체가 완전히 잘못되었다고 주장했다.

그러나 그런 일이 발생한 직후, 구글은 다모어를 해고했다. 구글의 다양성, 청렴성 및 지배 구조 담당 부사장 다니엘 브라운은 "우리는 다양성과 포용성이 회사의 성공에 중요하다는 믿음에 변함이 없다."고 말했다. 하지만 컴퓨터 과학 분야는 왜 다양성을 높이려고 하는 것일까? 여성과 유색 인종이 기술 직업을 선택하지 않는데, 왜 그들을 끌어들이려는 것일까?

기업의 관점에서, 한 가지 좋은 이유는 다양성이 이익을 증대시키고 혁신적 사고를 자극한다는 것이다. 컬럼비아 경영대학원의 캐서린 필립스Katherine PHillips 교수는 다양성이 창의력을 향상시킨다고 말한다. 다양성은 새로운 정보와 관점을 추구하도록 장려하고, 결국 더 나은 의사 결정과 문제 해결로 이어진다. 경영진에서 다양성을 갖춘 회사는 더 많은 매출을 올린다. 실무 직원이 다양성을 갖춘 팀으로 구성되면 더 높은 성과와 비용 절감을 가져다 줄 것이다.

다양성을 갖춘 그룹은 문제의 범위와 복잡성을 더 잘 인식한다. 젊은 사람, 백인, 이성애자, 남성 또는 신체 건강한 사람으로만 구성된 팀은 다른 사람에게 명백히 보이는 문제도 간과할 수 있다. 미혼모인 셰리 애트우드^{Sheri Atwood}는 가족이 이혼 후 갈등을 줄이는 것을 돕는 서포트페이^{SupportPay} 앱을 개발했다. 이 앱은 떨어져 사는 부모들이 공동 경비를 추적하고 자녀 양육비를 조율할 수 있도록 도와준다. 예비 투자자들은 정말로 그녀가 코드를 작성했는지 거듭 물으면서, 향후 젊은 남성 개발자를 고용해 회사의 기술적 측면을 맡길 것을 제안하기도 했다. 그러나 애트우드는 젊은 남성 개발자에 지나치게 의존했기 때문에 우리가 이용할 수 있는 앱의 범위가 크게 제한됐다면서, "오늘날 시장에서 여전히 해결되지 않는 문제가 있는 이유는, 그 문제가 21살짜리 후

누구를 환영하는가?

옷 가게에서 젊은 고객을 끌어들이고 중년 쇼핑객을 다른 곳으로 내몰 목적으로 쿵쿵거리는 클럽 음악을 들려주는 것처럼, 많은 조직이 소속된 사람의 유형을 추측할 수 있는 실마리를 드러낸다. 우리가 일하는 회사도, 채용 광고부터 사무실 디자인까지 모든 것에서 회사가 누구를 환영하는지 드러낸다.

연구에 따르면, 채용 광고가 진부하게 남성적인 특성을 강조하면, 그 회사에 여성이 지원하는 것을 기피하는 경향이 보였다. 일부 회사는 이런 문제를 해결하기 위해 채용 광고에 성 중립적인 표현을 쓰기 시작했다.

예를 들어, '적극적인 코드 닌자'나 '경쟁에서 이길 수 있는 강력한 리더'라는 표현 대신 '뛰어난 프로그래머'와 '목표 지향적인 멘토'라는 표현을 쓴다. 간단한 어휘 변경만으로도 지원자의 수와 다양성을 높이는 데 도움이 될 수 있다고 생각하기 때문이다.

드 티를 입은 아이들이 관심 갖는 문제가 아니기 때문"이라고 지적했다.

사람들은 자신에게 영향을 미치지 않는 문제는 쉽게 잊어버린다. 보통의 시력을 가진 개발자들은 색맹이 있는 사람에게 소용없는 색 배합을 선택한다. 오른손잡이 개발자들은 왼손잡이가 스마트폰을 다르게 다룬다는 것을 깨닫지 못한다. 개발자들이 아이폰 동영상을 유튜브에 올리기 위해 원본 코드를 만들었는데, 사용자의 10%는 거꾸로 된 동영상을 보는 상황이 생겼다. 개발팀은 왼손잡이와 오른손잡이가 전화기를 반대 방향으로 회전시킨다는 것을 고려하지 못한 것이다.

많은 소프트웨어를 설계하는 과정에서 여성의 요구를 간과한다. 미량의 영양소 섭취부터 심박수까지 모든 것을 추적하는 애플 건강 관리 앱은 처음에 여성의 월경 주기를 추적하는 기능을 제공하지 않았다. 스마트폰 앱에 깔리는 활동 추적기는 전화기를 호주머니에 보관하는 사람들의 습관을 고려해 설계되었다. 남성이 대개 전화기를 호주머니에 넣고 다니기 때문이다. 그러나 여성의 옷에는 전화기를 넣을 만큼 큰 주머니가 없다. 추적기 개발자들이 여성의 활동을 제대로 파악하지 않은 것이다. 심지어 스마트폰 자체도 여성에게 불편하게 되어 있다. 화면 크기가 커지면서 손이 작은 여성은 스마트폰을 사용하기 어려워졌다. 노스캐롤라이나대학교의 제이넵 투펙치Zeynep Tufekci 교수도 자주 인용되는 자신의 블로그 게시물에 이렇게 지적했다. "스마트폰으로 타이핑하거나 사진을 찍거나 스크롤하거나 잠금 해제하거나 심지어 전화기를 켤 때, 남성은 늘 그런 일을 한 손으로 할 수 있지만 우리 여성은 그렇게 할 수 없어요."

애플은 이 같은 문제점을 인식하고, 건강 관리 앱에 여성의 월경 주기 추적 기능을 추가했고, 전화기 화면을 일시적으로 전환할 수 있는 리치빌리티* 기능을 추가했다. 좀 더 다양한 사람으로 팀을 구성했다면, 애플은 처음부터 소수의 필요를 충족시킬 수 있는 소프트웨어를 설계했을지 모른다.

안면 인식 소프트웨어도 다양성을 무시하는 위험성을 여러 차례나 드러냈다. HP 웹캠용 소프트웨어에는 사용자의 자세를 추적해 항상 화면의 중심에 나타나도록 하는 기능이 탑재되었다. 하지만 이 소프트웨어는 사람의 눈 색깔과 피부색의 차이를 기준으로 얼굴을 인식하기 때문에 피부색이 짙은 사용자를 제대로 인식하지 못했다. 이 문제는 제품이 출시될 때까지도 발견되지 못했는데, 짙은 피부색을 가진 사용자에게 제품을 충분히 테스트했다면 바로 확인할 수 있었을 것이다.

안면 인식 기술은 HP만의 문제가 아니다. 안면 인식 소프트웨어는 밝은색 피부의 여성보다 어두운색 피부의 여성 사진을 인

---

*리치빌리티: 아이폰에서 홈 버튼을 두 번 두드리면 스크린이 하단으로 이동해 한 손으로 터치가 가능하도록 만든 편리 기능.

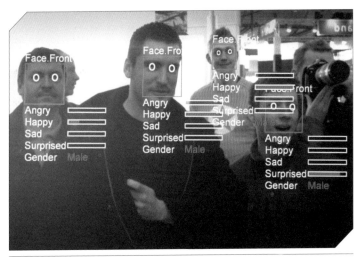

'실시간 얼굴 탐색기' 소프트웨어의 결과가 컴퓨터 화면에 표시된다. 이 소프트웨어는 얼굴뿐 아니라 개인의 성별과 감정까지 포착해 영상이나 사진으로 보여 준다.

식하는 데 실패율이 10배 높은데, 아마도 안면 인식 소프트웨어를 훈련시키는 데 사용된 이미지 세트의 비율이 남성 78%, 백인 83%였기 때문일 것이다.

구글 포토는 더 큰 문제에 부딪혔다. 흑인 몇 명의 사진을 자동으로 고릴라나 유인원으로 분류한 것이다. 당시 구글의 개발자 중 1%만이 흑인이었다. 만일 개발팀에 좀 더 다양한 구성원이 있었다면 그런 황당한 문제를 사전에 알아내 화제가 되는 일은 없었을 것이다.

안면 인식 소프트웨어는 아시아인의 얼굴을 인식하는 데에도 정확도가 떨어진다. 아시아계 뉴질랜드인 리차드 리Richard Lee는

2016년 여권 신청 시스템에 사진을 올리려고 했으나 실패했다. 백인 얼굴에 최적화된 소프트웨어가 리가 눈을 감았다고 계속 잘못 인식한 것이다.

영상 호스팅 회사 지피캣도 기존의 안면 인식 프로그램을 쓰면서 비슷한 문제를 발견했다. 테스트 과정에서 이 프로그램이 회사의 아시아인 직원을 잘못 식별한 것이다. 문제를 해결하기 위해 지피캣은 소프트웨어 훈련 세트에 아시아인의 이미지를 추가하고, 아시아인의 특징에 더 민감하게 반응하도록 코드를 다시 썼다. 다행히 지피캣의 개발팀은 다양한 사람으로 구성되어서, 사용자가 불만을 제기하기 전에 문제를 파악해 해결할 수 있었다. 오늘날, 주요 테크 기업은 경쟁에서 뒤지지 않기 위해 직원의 다양성을 높이고, 더 나은 제품을 만들기 위해 노력한다.

연습 활동
소외된 사용자 확인하기

자주 사용하는 게임이나 앱을 하나 선택해 살펴보자.

그 앱은 사용자의 시각, 청각, 신체적 능력에 대해 어떤 가정을 하는가? 앱이 전달하는 연령, 성, 성적(性的) 성향, 소수 민족에 대한 메시지가 일부 사용자로 하여금 소외감을 느끼게 하지 않는가?

테크 기업, 편견 깨뜨리기에 나서다

실리콘 밸리 주요 기업의 기술 보직에서 여성이 차지하는 비중은 열 자리 중 두 자리에 불과하다. 그러나 최근 들어 기업들은 여성 인턴제를 후원하고, 대학 장학금을 제공하고, 차별과 희롱의 뿌리를 뽑고, 동일 노동 동일 임금*을 실천함으로써 상황을 반전시키기 시작했다.

구글은 2014년부터 2017년까지 다양성을 위한 노력에 2억 6500만 달러(3200억 원)를 투자했고, 인텔은 2020년까지 다양한 인력을 확보하는 데 3억 달러(3400억 원)를 투자할 것을 약속했다. 업무용 협업 툴을 만드는 슬랙은 채용 절차를 획기적으로 개선해 기술 보직에서 소외 그룹에 속하는 사람들의 수를 3배로 늘렸다. 이 회사는 다양한 사람이 지원할 수 있도록 직무 기술서를 다시 작성했고, 코딩 교육 캠프를 통해 여성과 유색 인종을 채용했으며, 지원자의 코딩 기술에 대해 편견 없는 평가를 보장하는 등 다양한 변화를 시도했다.

다양성 전문 컨설팅 회사 갭점퍼스는 테크 기업들이 지원자를 평가할 때 블라인드 평가를 도입해 다양성을 높일 수 있도록 도움을 준다. 이러한 접근 방식은 오케스트라가 연주자를 평가하는 데 사용하는 방법에서 힌트를 얻었다. 몇 년 전만 해도 연주자

---

*동일 노동 동일 임금: 고용 형태나 인종, 성별, 종교, 국적에 관계없이 동일한 직업을 가진 사람에게 노동의 양에 따라 동일한 임금을 지급한다는 임금 정책.

가 평가 위원 앞에서 직접 오디션을 보았는데, 이 방식은 여성에게 불리했다. 그러나 오케스트라가 블라인드 뒤에서 오디션을 보는 방식을 사용하자, 성차별이 사라졌고 더 많은 여성이 채용되었다.

갭점퍼스는 유사하게 지원자의 나이, 성별, 출신 민족 등을 전혀 모르는 상태에서 지원자의 코딩 기술을 채점하도록 했다. 이 같은 방식으로 평가자의 편견이 영향을 미치지 못하게 했더니 상위 점수자의 60%가 소외 그룹 출신이었다.

대학도 다양성을 높이기 위한 조치를 취하기 시작했다. 캘리포니아대학교 버클리 캠퍼스는 소프트웨어가 세계에 얼마나 의미 있는 영향을 끼치는지 강조하기 위해, 컴퓨터 과학 입문 수업을 전면 개편했다. 새로 편성한 '컴퓨팅의 아름다움과 기쁨' 수업에는 남성보다 여성을 더 많이 등록시켰다.

공학자와 과학자 양성에 특화된 하비 머드 칼리지는 초보자를 위한 프로그래밍 입문 과정을 만들고 창의적인 문제 해결에 중점을 두는 커리큘럼을 도입했다. 처음에는 컴퓨터 과학을 전공하는 여성이 거의 없었지만, 몇 년도 채 되지 않아 여성이 40%로 늘어났다.

비영리 단체도 더 많은 여성과 유색 인종을 컴퓨터 과학 분야에 끌어들이기 위해 노력하고 있다. Code.org는 창의성과 비판적 사고에 초점을 맞춘 '컴퓨터 과학 원리'라는 새로운 AP를 만

걸스후코드에서 참가자 세 명이 공동 작업 중이다. 걸스후코드는 뉴욕, 조지아주 애틀랜타, 캘리포니아주 로스앤젤레스, 텍사스주의 오스틴 등 미국 전역의 도시에서 특강 캠프, 프로그램, 강좌를 제공한다.

들었다. 2016년 개강 이후, 이 과정을 이수한 여학생, 라틴계 학생, 흑인 학생이 2배 넘게 늘어났다.

　변호사인 레시마 소자니(Reshma Saujani)가 설립한 걸스후코드는 어린 학생을 위한 무료 코딩 클럽, 고등학생을 위한 특강 캠프, 여대생을 위한 공동체 구축 프로그램을 운영한다. 경제적 형편과 상관없이 누구나 똑같이 기회를 갖도록 하기 위해 7주간의 무료 교육이 제공되며, 교통비와 생활비를 충당할 수 있는 장학금도 제공한다. 걸스후코드 참가자(지금까지 9만 명이 넘는다)가 대학에 진학해 컴퓨터 과학을 전공하는 비율은 미국 전체 평균보다 15배나 높다.

킴벌리 브라이언트Kimberly Bryant가 '블랙 걸스후코드'를 설립한 이유는 컴퓨터 과학 캠프에서 그녀의 딸이 백인 남성 사이에 유일한 흑인 소녀였기 때문이었다. 브라이언트는 이렇게 말했다.

"나는 기술에 관심이 있는 내 딸 같은 소녀들이 차별받지 않고 모일 수 있는 또 다른 공동체를 만들고 싶었어요."

구글과 리프트 같은 주요 기업으로부터 자금 후원을 받은 블랙 걸스후코드는 코딩 워크숍부터 진로 상담까지 모든 것을 제공한다. 블랙 걸스후코드는 2040년까지 100만 명의 흑인 소녀를 훈련시킬 계획이다.

저소득층 청년이 기술 관련 교육을 받도록 장학금을 지원하는 기관도 많다. 코드2040Code2040은 순회 및 여름 집중 펠로우십 프로그램을 통해 흑인과 남미계 대학생을 테크 기업과 연결해 준다.

캘리포니아 북부 지역에 있는 핵더후드Hack the Hood는 저소득층 유색 인종 청년에게 기업가가 되기 위해 필요한 웹 개발, 마케팅, 네트워킹 기술을 가르친다. 참가자들은 이 과정을 졸업하면서 지역 기업의 웹사이트 포트폴리오 디자인에 실제로 참여한다. 지역 사회도 이익이다. 지역의 중소기업은 이들이 아니면 만들 수 없었을 고품격 웹사이트를 무료로 만들 수 있기 때문이다.

2017년 핵더후드는 335명의 청년을 배출하며 4만 8000시간의 지역 사회 봉사 활동을 통해 250개의 웹사이트를 제작했다. 이들 중 많은 학생이 불행한 삶을 살던 청년이었다. 절반은 정신 건강 진단을 받았고, 42%는 최악의 빈곤 상태였으며, 39%는 영어가 모국어가 아닌 가정에서 자란 청년이었다.

낫 호$^{Nhat Ho}$에게 핵더후드는 인생을 바꾸어 놓은 경험이었다. 호의 베트남인 부모는 베트남 전쟁이 끝난 후 8년 동안 전쟁 포로였다. 미국 편에서 싸우다 포로로 잡힌 것이다. 포로 생활이 끝난 후 더 나은 삶을 위해 미국으로 왔지만 폭력, 마약, 갱단에 둘러싸여 살았다. 호는 CNN과 인터뷰에서 이렇게 말했다.

"남동생들은 모두 투잡을 뛰고, 여동생들은 모두 아침 9시부터 저녁 7시까지 네일숍에서 일합니다."

호는 새로운 길을 찾기 위해 핵더후드에 지원했다. 호는 여러 기업의 웹사이트를 구축했고, 마침내 캘리포니아대학교 데이비스 캠퍼스에 등록해 가족 중 처음으로 대학생이 되었다.

기술 세계에 아직도 차별이 존재하지만, 호와 같은 개발자는 소프트웨어 개발 업계가 변화하고 있음을 잘 보여 준다. 테크 기업들은 다양한 구성원을 갖춘 팀이 더 나은 소프트웨어를 구축한다는 것을 잘 알고 있기 때문에, 소외 그룹 출신에게 기회를 주기 위해 수천억 원을 투자한다.

소외 그룹 출신이 개발자가 되면, 이제 외로이 기술 세계를 항해할 필요가 없다. 마이크로소프트와 구글 같은 대기업은 여성, 유색 인종, 성소수자 공동체 회원을 지원하기 위한 직원 네트워크 그룹이 있다. 중소기업에서 일하는 개발자도 국립여성정보기술센터, 북미원주민 과학공학협회, oSTEM* 같은 전문 기관을 통해 지원받을 수 있다.

*oSTEM: 성소수자를 위한 STEM 공동체.

8장 소프트웨어 개발의 미래

人 레야 구하Sreya Guha는 17세에 벌써 의미 있는 앱을 두 개나
만들었다. 첫 번째 앱은 대통령의 연설을 주제별로 쉽게 찾
도록 도와주는 앱이다. pres-search.appspot.com에 들어가서 일자
리, 범죄, 우주 탐사 같은 용어를 입력하면 앱이 해당 주제의 연
설에 대한 링크와 함께, 대통령들이 그 주제에 대해 얼마나 많은
연설을 했는지 알 수 있는 막대그래프까지 보여 준다.

두 번째 앱은 웹사이트의 주장이 사실인지 확인할 수 있도
록 도와주는 앱이다. 사용자가 RelatedFactChecks.org의 검색창
에 해당 웹사이트의 링크를 붙여 넣기만 하면, 백신 접종 거부 기
사부터 정치 스캔들까지 어떤 내용이든 해당 사실에 대한 확인
결과를 보여 준다. 구하는 이 앱 개발 연구로, 대학 장학금을 주
는 2017 ACM/CSTA 커틀러-벨 상을 수상했다.

구하의 이야기는 코딩에 집착하는 영재만 개발자가 될 수

있는 것처럼 보여, 오히려 우리를 위축시킬 수 있다. 하지만 구하는 마법처럼 코딩을 쉽게 배우는 타고난 영재가 아니었다. 구하가 코딩 기술을 쌓는 데에는 몇 년이 걸렸다. 구하가 다니는 학교에서 학생들은 7학년(중학교 1학년)부터 코딩을 배우기 시작하는데, 구하는 코딩 관련 인턴십을 하면서 네 차례의 여름을 보냈다. 그렇게 열심히 공부했지만, 모르는 것에 부딪히면 선생님과 소프트웨어 개발자인 아버지에게 도움을 청하는 등 여전히 전문가의 조언을 구한다.

구하는 개발자가 코딩에만 시간을 쏟는다는 고정 관념도 깬다. 구하 스스로 "전 컴퓨터 과학뿐 아니라 역사에도 관심이 있고, 강아지를 키우기에 너무 늦지 않았다고 부모님을 설득하는 일도 잘해요. 티라미수, 도사 팬케이크랑 영화배우 민디 캘링Mindy Kaling도 좋아해요."라고 소개하듯이, 코딩을 하지 않을 때에는 초등학생들과 춤도 추고 자원봉사도 하며 시간을 보낸다.

구하의 이야기에서 알 수 있듯이, 특정한 사람만 개발자가되는 게 아니다. 어릴 때부터 코딩을 시작하는 사람도 있고, 머리가 희끗해진 뒤에야 처음 코드를 배우는 사람도 있다.

또 코딩 그 자체를 위한 코딩을 좋아하는 개발자가 있는가하면, 코딩을 세계의 문제를 해결하는 유용한 도구로 보는 사람도 있다.

배경이나 취미에 관계없이, 드넓은 코딩의 세계에는 그들을 위한 자리가 존재한다.

일손이 부족해

2018년 10월, 아마존은 데이터 과학자 110명, 데이터베이스 관리자 29명, UI 디자이너 292명, 머신러닝 전문가 306명, 정보 기술 전문가 1490명, 소프트웨어 개발자 5767명, 소프트웨어 설계자 1394명, 네트워크 엔지니어 538명을 구한다는 채용 공고를 냈다.

이러한 채용 공고는 소프트웨어 개발 업계의 고용이 얼마나 광범위한지, 소프트웨어 개발자에 대한 수요가 얼마나 많은지를 보여 준다. 수요가 많으면 월급도 그만큼 높다. 2017년에 미국 전체의 개발자 중 절반이 10만 2000달러(1억 원) 이상의 급여를 받았다. 이 금액은 전체 평균보다 5만 달러(5600만 원) 높다.

개발자에 대한 수요도 증가하고 있다. 미국 노동통계국에 따르면 2016~2026년 사이 10년 동안 컴퓨터 및 정보 기술 일자리는 약 13% 증가해, 50만 개의 일자리가 시장에 추가될 것으로 추정된다.

현재 컴퓨터 공학을 전공하는 미국 학생은 2026년까지 예상되는 개발 인력 수요 350만 명의 17%밖에 채우지 못할 것이다. 이에 따라 미국의 상위 기업들은 이미 전 세계에서 개발자를 구하기 위해 발 벗고 나서기 시작했다. 2017년 한 해 동안, 구글과 마이크로소프트 두 회사가 미국 밖에서 받은 이력서만 5282건에 이른다.

개발자에 대한 수요가 다 높지만, 특히 빠르게 성장하는 특정 분야가 있다. AI 프로그램을 만들거나, 인터넷 연결 기기용 코드를 쓰거나, 데이터 무단 접속을 막을 수 있는 개발자의 수요가 특히 늘어날 것이다.

AI

전문가들은 AI와 관련된 일자리가 빠르게 성장할 것으로 예상한다. AI는 인간의 지능, 지각, 판단력이 요구되는 일을 수행할 수 있는 의사 결정 프로그램을 말한다. AI는 강인공지능Strong AI과 약인공지능Weak AI으로 구분하는데, 강인공지능은 추상적인 사고를 할 뿐 아니라 인간의 개입 없이 학습할 수 있고, 익숙하지 않은 문제를 해결할 수도 있다. 강인공지능은 언젠가 인간과 자기 자신을 이해할 수 있는 자각적인 존재가 될 것이다.

아직까지 가장 강력한 AI 프로그램이라고 해도 약인공지능 범주에 속해서 영화 추천, 장기 게임, 문서 번역 등 특정 영역의 제한된 업무만 처리할 수 있다. 우리는 알렉사나 시리 같은 음성 비서를 켜거나, 게임 캐릭터를 제어하거나, 승차 공유 앱의 가격을 결정하거나, 신용 카드 사기를 탐지하거나, 사진 속 인물에 태

제17회 인공지능 국제회의(IJCAI)에서 재난구조 로봇이 생존자로 가장한 마네킹을 찾아내는 테스트를 거치고 있다.

그를 다는 등 AI 시스템을 이미 일상 곳곳에서 사용하고 있다.

'약하다'고 부르지만 약인공지능 시스템도 생명을 구할 수 있는 힘이 있다. 매년 재난으로 백만 명이 목숨을 잃고, 수백만 명의 중상자가 생긴다. 신속한 대응으로 생명을 구하기도 하지만, 구조 요원이 접근하기에 너무 좁고 위험한 장소에 생존자들이 갇히는 경우가 많다. 재난구조 로봇은 생존자를 수색하고, 붕괴된 건물의 취약점을 발견하고, 탈출로를 찾아낸다.

로빈 머피Robin Murphy 연구원과 동료들은 지진, 허리케인, 화산 폭발, 산불, 광산 붕괴, 산사태 등에 대응하기 위한 로봇을 전 세계에 배치한다. 머피의 팀은 로봇을 직접 만들지 않지만, 로봇이 독자적으로 길을 선택하고, 필요에 따라 변신하고, 장애물을 탐

AI 훈련시키기

머신러닝 전문가들은 프로그램에 방대한 양의 데이터를 공급해 AI가 패턴을 찾을 수 있도록 훈련시킨다.

AI가 꽃을 식별할 수 있도록 훈련시키기 위해 개발자들은 수백만 장의 꽃 사진과 그림을 프로그램에 공급한다. 모든 사진과 그림에는 태그가 붙어 있어, 이를 학습한 AI가 꽃의 종류를 식별하게 하는 것이다.

그러나 안면 인식 AI가 백인의 사진으로 훈련을 받았기 때문에 어두운 피부색의 사람을 식별하지 못한 것처럼 편향되거나 불완전한 데이터를 입력하면, 나쁜 결과를 낼 수 있다.

가짜 뉴스를 찾아내도록 AI를 훈련시키고 싶다고 가정해 보자. 잘 훈련되고 편견이 없는 프로그램을 만들려면 어떤 데이터를 공급해야 할까?

연습 활동 답안

AI에게 가짜 뉴스를 찾도록 훈련시키려면 모든 주제(예를 들면 정치, 유명 인사, 기적의 치료법 등)를 다룬 진짜 이야기와 함께, 수백만 개의 가짜 뉴스를 공급해 주어야 한다. 프로그램이 가짜 뉴스와 혼동하지 않도록 진짜 이야기에 대한 여러 가지 견해나 풍자도 포함시킨다. 기사의 본문 외에 기사의 헤드라인, 출처, 독자 논평까지도 AI가 가짜 뉴스를 식별하는 데 도움이 될 수 있다.

색할 수 있는 AI 프로그램을 만든다. 머피의 로봇들은 이러한 능력을 발휘해 불, 물, 잔해 등을 뚫고 현장을 돌아다니며 수색 및 구조팀을 위한 중요한 정보를 모은다.

놀랍게도 재난구조 로봇 분야가 직면한 가장 큰 과제는 좁은 공간에 들어갈 영리한 기계를 만드는 게 아니다. "가장 큰 문제는 로봇을 작게 만드는 게 아닙니다. 불에 강하게 내열성을 높이는 것도 아니고, 더 많은 센서를 더 만드는 것도 아닙니다. 가장 큰 문제는 데이터입니다."라고 머피는 설명했다.

비상사태 중에 재난구조 로봇이나 드론은 엄청나게 많은 데이터를 생성한다. 이 데이터를 그대로 전송하면 무선 네트워크가 다 처리하지 못해 속도가 떨어져서 구조대원이 데이터 파일을 직접 보내고, 그중에 유용한 정보를 골라내느라 시간을 낭비하게

친근한 AI

앞으로 수십 년 안에 AI 시스템으로 제어되는 자율 주행차가 도로를 점령할 것으로 예상된다. 기업들은 보행자가 운전자 없는 자동차를 더 편안하게 느끼도록 돕는 디자인 결정을 탐구하기 시작했다.

재규어 랜드로버는, 움직이는 물체를 추적하는 통방울 눈을 탑재한 자율 주행차를 테스트했다. 연구 책임자는 "보행자가 횡단보도를 건너기 위해 도로에 발을 들여놓기 전에 다가오는 차량에 있는 운전자와 눈이 마주치는 건 자연스러운 일"이라고 말한다. 또 다른 회사들은, 사람과 AI의 괴리를 메우기 위해 미소를 짓거나 보행자와 대화하는 자율 주행차를 테스트하기도 했다.

된다. 머피는 이러한 정보 쓰레기가 구조대원이 중요한 결정을 내리는 데 필요한 유용한 정보를 골라내는 노력을 방해한다고 말한다. 이 문제를 해결하기 위해 머피는 구조팀에 보낼 가장 중요한 데이터를 식별할 수 있는 AI 프로그램을 개발 중이다.

재난 대응 능력을 향상시키길 바라든, 더 실감나는 비디오 게임 캐릭터를 만들길 바라든, 많은 분야에서 AI를 필요로 할 것이다. 앞서 말했듯이, 전문가들은 과학자, 머신러닝 전문가, 통계학자, 개발자 등 AI 관련 일자리가 크게 늘어나리라 예측한다. 프로그램을 훈련시키기 위한 머신러닝 사용에 초점을 두는 직업도 있고, 스스로 훈련할 수 있는 첨단 AI 프로그램 제작을 중시하는 직업도 있다. AI의 성장은 프로젝트 관리자, 윤리 전문가, 마케팅 전문가 등 기술적 업무에 종사하지 않는 사람에게도 새로운 일자리를 창출해 준다.

사물 인터넷

어떤 물체든 센서를 장착하고, 인터넷에 연결할 수 있다. 오늘날 우리는 집에서 스마트폰으로 화재경보기, 인터폰, 조명등, 가전제품 등을 제어할 수 있다. 중병을 앓고 있는 환자는 약물 농도부터 산소 포화도까지 모든 것을 지속적으로 감시하는 센서를 착용하거나 심거나 심지어 삼킬 수도 있다. 애플 워치를 착용하면 움직

스마트폰 앱으로 LG 스마트 냉장고와 소통하는 방법을 시연 중이다.

이는 동안 넘어지거나 자전거 사고나 자동차와 충돌을 감지해 필요할 경우 구조대에 연락할 수 있다. 도시에서는 웹으로 연결된 센서가 어느 주차장에 자리가 있는지, 어느 쓰레기통이 가득 찼는지 알려 준다. 전력 회사는 정전되기 전에 고장 난 장비를 찾을 수 있다. 농지에서는 농부가 토양 감지기로 어디에 물이나 비료가 필요한지 파악해 적은 비용으로 생산성을 높일 수 있다.

이런 사물들이 모여, 인터넷에 또는 상호 간에 연결될 수 있는 기기의 집합을 일컫는 사물 인터넷IoT, Internet of Things을 빠르게 성장시키고 있다. 2016년에 이미 63억 개 이상의 기기가 연결되었고, 전문가들은 2020년까지 200억 개 이상의 IoT 기기를 볼 수 있을 것으로 본다. 이 모든 게 개발자에게는 기회가 된다. IoT 기기는, 기기를 구동해 다른 기기에 연결해 주는 내장형 소프트웨어인 펌웨어와 사용자 친화적인 앱이 필요하기 때문에, 개발자의 수요를 크게 늘릴 것이다. 개발자는 또 이런 기기들을 서로 통합하는 일도 하게 될 것이다. 미래의 가정에서는 스마트 냉장고가 알아서 부족한 식품을 주문할 것이고, 주문한 식품은 로봇이 포장하고 드론이 배달할 것이다. 그 일을 하기 위해 개발자들은, 수많은 사람이 소유하고 있는 각기 다른 회사가 만든 기기를 서로 연결시키는 프로그램을 만들어야 한다.

IoT의 활용

구글 어시스턴트, 아마존의 알렉사, 애플의 시리 같은 AI 음성 비서로 수천 개의 IoT 기기를 제어할 수 있다. 간단한 음성 명령으로 조명이나 커피 메이커를 켜고, 식료품을 주문하고, 실내 온도를 조절하고, 손님이 오면 현관문을 열고, 유튜브 동영상을 스트리밍하고, 웹 검색을 실행하고, 온라인 달력에 약속을 표시할 수 있다.

신체적으로 불편한 사람들에게, 음성으로 제어하는 디지털 도우미는 삶을 변화시킬 수 있다. 그러나 몸의 움직임을 제한하는 부상과 장애는 말하는 능력까지 영향을 미쳐 의사 전달이 명확하지 않아, 디지털 도우미가 명령을 잘 이해하지 못하는 일도 생긴다. 음성 제어 기기를 훈련시키기 위해 사용되는 입력 데이터의 대부분은 젊고 건강한 사용자의 음성이기 때문에, 이 문제는 저절로 해결되지 않을 것이다.

보이스잇 회사는 디지털 도우미가 더 광범위하게 사용되도록, 뚜렷하게 말하지 못하는 사람을 위한 새로운 음성 인식 기술을 개발하기 시작했다. 미국과 유럽에서만 1000만 명 이상이 언어 장애를 가지고 있다는 사실은, 음성 인식 기술이 더 접근하기 쉬워져야 한다는 점을 시사한다.

IoT는 일기 예보를 기반으로 조절되는 스프링클러 시스템, 수상한 움직임을 감지하면 자동으로 문을 잠그고 불을 켜는 보안 시스템 등 컴퓨터로 제어되는 기기로 가득한 스마트 홈을 선사할 것이다. 그러나 인터넷으로 연결된 모든 새로운 기기는 해커들이 침입할 수 있다는 취약점이 있다. 인터넷에 연결된 조명, 차고 문 개폐기, 스테레오 시스템으로 가득 찬 스마트 홈은 누군가 시스템에 접근할 수만 있다면 집에 사람이 없는지를 쉽게 알 수 있다. 시스템에 접근해 보안 카메라를 멈추고 인터넷에 연결된 현관문을 열어 쉽게 집에 침입할 수 있다.

해커들은 또 방대한 IoT를 해킹해 다른 목표물을 공격할 수도 있다. 2016년에 터진 미라이 봇넷 공격에서 해커들은 보안 카메라와 라우터 등 60만 개가 넘는 인터넷 연결 기기를 장악했다. 해커들은 가정에서 쓰는 기기에 ID나 비밀번호 기본값을 변경하지 않는다는 사실을 이용해, 유명 웹사이트 이름을 실제 아이피 주소로 연결해 주는 호스팅 회사에 디도스 공격을 했다. 주소 매칭 서비스가 없어지자, 유럽과 미국의 인터넷 트래픽은 급속도로 느려졌다. 결국 사람들은 아마존, CNN, 넷플릭스, 트위터, 페이팔, 컴캐스트, 스포티파이, 핀터레스트와 같은 주요 웹사이트에 접속할 수 없게 되었다. 이 사례만 봐도 IoT 분야가 성장할수록 더 많은 보안 전문가가 필요하다는 사실을 알 수 있다.

보안

디지털 세계에서는, 몇 사람의 부주의나 범죄 행위가 큰 피해를 일으킬 수 있다. 전 세계의 인터넷 사용을 방해한 미라이 봇넷은 악의를 품은 천재가 만든 게 아니라 어설픈 마인크래프트 팬 세 명이 만든 것이었다.

앱 보안

개발자들은 데이터 암호화부터 비활동 사용자를 자동으로 로그아웃시키는 절차까지 모든 것에 기본 앱 보안 표준을 준수함으로써, 해커들을 막을 수 있다. 앱 보안 위험에는 다음과 같은 것이 있다.

- 주입: 적절한 안전장치가 없으면 해커가 웹사이트의 검색창 같은 인터페이스를 통해 위험한 명령을 내릴 수 있다.

- 인증 파괴: 개발자가 로그인 절차를 잘못 설정하면, 해커가 사람들의 신원 정보를 장악할 수 있다.

- 접근 통제 파괴: 개발자가 앱 사용자에게 너무 많은 권한을 부여하면, 해커가 민감한 파일을 보거나 데이터를 수정하거나 일반 계정으로 관리자 기능에 접근할 수 있다.

- 민감한 데이터 노출: 개발자가 데이터 암호화에 실패하면, 해커가 마음대로 정보를 훔치거나 수정할 수 있다.

- 보안 구성 오류: 보안 설정이 취약하거나 보안 패치가 오래된 경우, 해커가 이미 알려진 취약점을 쉽게 이용할 수 있다.

- 모니터링 부족: 의심스러운 사건을 기록하거나 감시하지 않으면, 해킹 시도를 탐지하기 어렵다.

대부분은 그저 재미로 마인크래프트 게임을 하지만, 맞춤형 마인크래프트 서버 호스팅 회사는 매달 10만 달러(1억 원)를 벌 수 있다. 경쟁 업체의 서버를 다운시키면 고객을 빼앗아 오기 쉬워지기 때문에, 일부 비양심적인 업체는 경쟁사 서버에 트래픽을 넘치게 해 다운시키는 불법적인 부터 서비스^{booter service}*에 돈을 지불한다.

마인크래프트 게이머인 대학생 조시아 화이트^{Josiah White}, 파라스 자^{Paras Jha}, 달튼 노먼 ^{Dalton Norman}은 마인크래프트 서버를 부터의 공격으로부터 보호하는 회사를 공격하기 위해 미라이 봇넷을 만들었다. 미라이가 주요 회사의 서버를 다운시키기 시작했을 때, 이 3인조는 괴물을 만들어 냈다는 것을 깨달았다. 그들은 흔적을 감추기 위해 미라이 봇넷 코드를 온라인에 공개했다. 미라이 코드를 공개하면 이 코드를 사용하는 모방 범죄자가 나타나, 누가 처음 만들었는지 알지 못할 것이라 생각했기 때문이다. 코드를 공개함으로써 상황은 더 악화되었다. 전 세계적으로 공격이 폭주한 것이다. 그러나 미국 연방수사국^{FBI}은 이들을 빠르게 찾아내 체포했고, 3인조는 범행을 인정했다. FBI는 이들이 돈을 벌기 위해 마인크래프트 게임 서버를 목표로 했다고 판단했다.

안타깝게도, 코딩 기술이 능숙하지 않은 해커들도 강력한 해킹 도구를 사용해 심각한 문제를 일으킬 수 있다. 회사의 보안 데

***부터 서비스:** 돈을 받고, 어떤 표적이든 몇 분 동안 디도스 공격을 해 주는 서비스.

이터에 접근하는 것은, 해당 직원을 속여서 암호를 알아내거나 감염된 파일을 여는 것처럼, 그리 어려운 일이 아니다. 2017년 한 해 동안 기업들은 멀웨어로 암호화된 파일에 다시 접속하기 위해 해커들의 요구에 따라 20억 달러(2조 2000억 원)를 지불했고, 이메일 사기로 90억 달러(9조 9억 원)를 잃었다. 기업 해킹은 기업만 피해를 입는 게 아니다. 고객의 개인 정보를 유출해 신원 도용의 위험에 빠뜨림으로써 고객까지 피해를 입는다.

서버실 열쇠 있나요? 건물 관리소에서 나왔는데, 화재경보기를 점검 중입니다.

이런, 안돼!

영화를 많이 본 덕분에, 누가 방을 열어 달라고 하면 나는 범죄 영화의 등장인물처럼 행동하죠.

보안 전문가는 디지털 방식으로 침입하는 해커나, 컴퓨터에 물리적으로 접근하기 위해 속임수를 쓰는 도둑이나 똑같이 위험하다는 것을 알아야 한다.

사람들의 대출 이력을 저장하기 위해 설립된 미국의 대형 신용 평가 회사 세 곳 중 하나인 에퀴팩스가 2017년에 회사의 시스템에 필수 보안 패치를 설치하지 않았다. 해커들은 이 틈을 타 사람들의 사회 보장 번호*, 주소, 생년월일, 운전면허 번호 등 1억 4300만 명의 개인 정보를 훔쳤

*사회 보장 번호: 법령을 근거로 미국 정부가 자격 있는 사람에게 부여하는 개인 식별 번호. 한국의 주민 등록 번호와 같은 역할을 한다.

다. 이에 많은 사람들은 범죄자들이 이름을 도용해 신용 카드를 쓰지 못하도록 신용 조회를 정지시키는 조치를 취해야 했다.

또 다른 신용 평가 회사인 익스피리언은 2018년, 한 개인의 신용을 조회하는 데 필요한 비밀 코드를 유출시켜 사태를 악화시켰다. 익스피리언에 로그인하려면 개인적 질문에 정확하게 대답해 신원을 확인하게 되어 있었다. 그러나 이 사이트는 정확한 답을 요구하는 대신, 질문에 '해당 사항 없음'을 선택하면 누구에게나 접근을 허용했다. 익스피리언의 허술한 보안에 한 소비자 단체

모자가 무슨 색이지?

어떤 해커는 범죄를 저지르는 반면, 또 어떤 해커는 법을 집행하는 사법 기관에서 합법적으로 일한다. 이와 같이 각기 다른 유형의 해커들은 옛 서부 영화의 복장에 비유해 묘사되는데, 악당은 대개 검은 모자를 쓰고 등장하고 영웅은 흰 모자를 쓰고 나온다.

• 검은색 모자 해커: 이들은 개인 이익을 위해 악성 프로그램을 작성하고 시스템에 침입한다. 목적이 돈을 벌기 위한 것이든, 복수를 하기 위한 것이든, 그저 재미를 위한 것이든, 정보를 훔치기 위한 것이든 그들의 행동은 다른 사람들에게 해를 끼친다.

• 흰색 모자 해커: 소프트웨어의 취약점을 찾기 위해 돈을 받고 일하는 보안 전문가들이다. 구글과 마이크로소프트 같은 주요 기술 회사는 보안 문제를 발견하고 보고하는 사람 누구에게나 보상을 제공한다.

• 회색 모자 해커: 이들은 시스템에 무단으로 침입하지만, 어떻게 그렇게 할 수 있었는지에 대한 정보를 회사에 판매하겠다고 제안한다. 회사가 이를 거절하면, 그들은 그 취약성을 이용하려는 누군가에게 정보를 팔아 검은색 모자 해커로 변신한다.

회원은 "현관 발판 위에 열쇠를 놔 둔 격"이라고 조롱했다.

물론 보안에 실패한 개발자들이 의도적으로 사람을 위험에 빠뜨리려고 하지는 않았을 것이다. 사이버 보안을 잘하는 것은 어려운 일이다. 로그인을 설정하는 간단한 일에서도 개발자들은 비밀번호 요구 조건을 어떻게 설정할 것인지, 해커에게 유용한 정보를 노출시키지 않는 비밀번호 검색 옵션을 어떻게 만들 것인지, 사용자가 로그인 실패를 몇 번이나 하면 계정을 잠글 것인지, 비활성 사용자는 자동으로 로그아웃 되도록 할 것인지 등에 대해 올바른 판단을 내려야 한다.

해커들의 무단 접속으로부터 데이터를 보호하는 일은 어렵고 그런 시도가 자주 발생하기 때문에, 보안을 전문으로 하는 개발자에 대한 수요는 매우 높다. 보안은 네트워크 차원에서 시작되는데, 네트워크 엔지니어는 해커들이 네트워크에 무단 접속하는 것을 방지하기 위해 방화벽을 만들고, 침입 탐지 시스템을 사용해 수상한 활동이 있는지 감시한다. 이러한 시스템들은 멀웨어를 검사하고, 사용자 권한 변경이 이상한 곳을 모니터링하며, 세계 반대편으로부터 갑자기 로그인이 급증하는 것처럼 비정상적인 활동을 식별한다.

해킹 컨설턴트로도 불리는 침투 탐지 전문가는 앱이나 네트워크에 직접 침입해 봄으로써 시스템 보안을 테스트한다. 이들은 빈약한 네트워크 구성, 소프트웨어 취약점, 심지어 감염된 이메일 첨부 파일을 무심코 여는 순진한 직원에 이르기까지 모든 측면에서의 해킹 위험을 탐색한다. 해커들이 공격하면 분석가들이 직접 뛰어들어 공격의 원인을 파악하고 피해를 제한하는 데 도움을 준다. 포렌식 전문가는 공격이 발생하면 즉시 공격을 감행한 해커들과 멀웨어를 찾는 작업을 시작한다.

많은 소프트웨어 엔지니어가 외부 위협으로부터 사용자와 프로그램 데이터를 보호하기 위한 코드를 설계하는 애플리케이션 보안 전문 기술을 개발한다. 어떤 전문가는 보안 연구에 더 깊이 개입해 바이러스 백신 소프트웨어나 침입 탐지 프로그램을 만들기도 한다. 수학적 배경이 강한 개발자들은, 불법 접속으로부터 데이터를 보호하기 위해 암호를 코드로 전환하는 새로운 암호화 전략을 설계하는 암호 관련 분야의 직업으로 나아갈 수 있다.

사이버 보안 전문가에 대한 수요는 모든 분야에서 증가하고 있지만, 특히 보안 기록 유지에 대한 새로운 접근 방식인 블록체인의 전문 지식을 갖춘 개발자의 수요가 많아졌다.

블록체인

해커가 은행 기록, 경찰 보고서, 학교 성적표를 바꾸거나 없앤다면 얼마나 큰 혼란이 일어날지 상상해 보라. 회사나 단체들은 해커들의 침입 징후를 모니터링하고 기록을 여러 장소에 백업해 두는 방식으로 정보를 보호한다. 그럼에도 중요한 기록은 대부분 한 조직 내 몇 곳의 고정된 장소에 보관되기 때문에, 늘 공격에 취약한 상태에 놓여 있다.

개발자들은 방대한 컴퓨터 네트워크를 통해 정보를 공유함으로써, 데이터 저장을 분산시키는 블록체인 방식으로 문제를 해결한다. 블록체인에서는 모든 '블록'이 은행 예금이나 학기말 학점 등 처리되는 모든 디지털 기록을 보유한다. 각 블록은 고유한 식별자를 가질 뿐 아니라 이전 블록의 식별자까지 저장함으로써 모든 블록을 가상 체인으로 함께 묶는다.

블록체인 네트워크에 있는 모든 컴퓨터는 전체 블록체인의 사본을 하나씩 저장한다. 해커들이 전 세계에 흩어져 있는 수천 대의 컴퓨터에 동시에 접근할 수는 없기 때문에 블록체인은 해킹이 불가능한 기록을 만들어 낸다. 보안 전문가 돈 탑스코트^{Don Tapscott}는 "블록체인은 고도로 가공된 것"이라고 설명한다. "마치 치킨 맥너겟 같다고나 할까요. 블록체인을 해킹하는 건 치킨 맥너겟을 다시 닭으로 되돌리는 것같이 불가능한 일입니다."

블록체인 기술은 2008년, 세계 최초의 주요 가상 화폐인 비트코인의 거래 원장으로서 역할하기 위해 생겨났다. 가상 화폐는 암호화 기술을 이용해 자금의 소유자를 추적하고 위조를 방지하는 디지털 화폐 형태를 말한다. 비트코인을 지원하는 블록체인 기술은 연결된 컴퓨터의 네트워크를 이용해 비트코인 거래를 기록하기 때문에, 은행이 계좌를 관리할 필요가 없다. 기업들이 블록체인의 다른 용도를 탐구하기 시작하면서, 블록체인 개발자에 대한 수요는 급속히 증가했다. 개발자들은 이미 식품 안전을 개선하고, 주택 소유권 변동을 기록하고, 건강 기록을 보호하고, 난민들의 신원 확인을 돕기 위해 블록체인을 이용하는 다양한 방안을 검토하고 있다.

불안한 SNS

사실상 모든 주요 SNS 앱의 사용자들은 보안에 위험을 느꼈다. 2018년 한 해에만 다음과 같은 사고가 발생했다.

- 페이스북의 코드에 오류가 발생해 해커들은 3000만 명의 페이스북 사용자 계정의 개인 정보에 접속할 수 있었다. 페이스북은 또 1500개의 제3자 앱이 680만 명 사용자의 개인 사진에 접속하게 하는 실수를 범했다.

- 러시아 해커들이 수백 개의 인스타그램 계정을 해킹해 사용자 이름, 이메일, 비밀번호를 변경함으로써, 사용자가 자신의 계정에 접속하지 못하게 만들었다.

- 거짓 로그인 페이지에 속아 스냅챗 사용자 5만 5000명의 ID와 비밀번호가 유출됐다. 2014년에도 해커가 사용자 460만 명의 계정 정보 일부를 게시하면서 스냅챗의 보안 취약성이 주목을 받았다. 여전히 보안 불감증에서 벗어나지 못하는 것이 드러난 셈이다.

- 트위터가 코드에서 버그를 1년 동안이나 발견하지 못하면서, 개발자들이 일부 사용자의 개인 메시지에 접근할 수 있도록 허용했다. 또 트위터는 사용자의 비밀번호를 암호화된 형태가 아닌 일반 텍스트로 저장하는 실수도 저질렀다.

그러나 블록체인도 환경과 관련된 단점이 있다. 비트코인 블록체인을 유지하려면, 스위스 전체가 2018년 사용한 만큼 엄청난 전력을 쓰는 컴퓨팅 파워가 필요하다. 한 건의 블록체인 전송이 하루에 사용하는 에너지는 미국 가정 15곳에 전력을 공급할 수 있는 양과 맞먹는다. 최근의 접근 방식은 더 에너지 효율적이지만, 여전히 환경을 해치지 않고 블록체인의 장점을 취할 수 있는 방법을 찾기 위해 노력하고 있다.

망설일 이유가 없다

대부분의 직업은 일을 시작하는 데 최소한의 학력을 요구한다. 고등학생이 건물을 설계하거나 범죄자를 기소하는 직업을 가질 수는 없을 것이다. 미국의 많은 주에서는 18세가 안 되는 사람들에게 미용 자격증도 허용하지 않는다.

그러나 일반적인 규칙은 소프트웨어 개발에 적용되지 않는다. 이 업계는 개인이 가진 코딩 기술이 나이나 학위보다 중요하다. 고등학생도 수업을 듣거나 코딩 캠프에 참석하거나 책과 온라인 교육을 통해 코딩을 독학할 수 있다. 해커톤에 참여하거나 오픈소스 프로젝트에서 활동하거나 자체 앱을 개발함으로써 당장 기술을 활용할 수도 있다.

실제로 10대들이 뛰어난 코드를 쓴 경우가 많다. 일부 10대는 경험이 풍부한 개발자와 협력해 중요한 기업의 문제를 해결하기도 한다. 카틱 라오Karthik Rao는 IBM의 여름 인턴으로 일하면서, GPS와 기상 데이터를 사용해 연료가 가장 적게 드는 항로를 찾아 주는 비행기 내비게이션 프로그램을 개발했다. 연료 소모를 줄이는 것은 항공사의 비용 절감과 환경 보호에 큰 도움이 된다. 또 고등학생인 발레리 첸Valerie Chen은 미국 해군연구소NRL에 들어가 인턴으로 일하면서 내장형 소프트웨어의 오류를 찾아내는 테스트 도구의 개발을 도왔다. 미 해군은 소프트웨어 문제를 해결하기 위해 매년 거의 600억 달러(73조 원) 비용을 쓰는 만큼, 이를 해결하는 것은 미 해군에게 매우 중요한 문제다.

10대들은 또 어른이 간과한 문제를 해결하기 위한 앱을 만들기도 한다. 16살의 체리 조Cherry Zou는 온라인에서 익명의 악성 댓글로 사람을 괴롭혀 자살까지 몰고 가는 행위를 뿌리 뽑기로 결심했다. 그녀는 문장 스타일을 근거로 SNS에서 가짜 계정을 쓰는 사람을 확인할 수 있는 프로그램을 만들었다.

인도 뭄바이에서 어느 소녀들은 인도 여성이 물을 긷기 위해 몇 시간이나 줄 서는 것을 해결하려고 뭔가를 만들기로 결심했다. 소녀들은 가상으로 줄을 서는 앱 '파니Paani'를 만들었다. 이 앱은 자신의 차례가 되면 알람을 울리기 때문에, 인도 여성들이 더 이상 줄을 서지 않고 그 시간에 다른 일을 하거나 공부하거나 놀 수 있게 되었다.

분명히 세상에는 크든 작든 변화를 일으킬 기회가 충분히 많다. 코딩 기술을 배우면 누구나 그런 변화를 일으킬 힘을 갖게 된다. 더 이상 시작을 망설일 이유가 없다!

소프트웨어 개발의 역사

1801 조제프 마리 자카르(Joseph Marie Jacquard)가 천공 카드에 저장된 지시에 따라 정교한 무늬를 짜낼 수 있는 기계식 직기를 발명하다.

1822 찰스 배비지(Charles Babbage)가 현대 컴퓨터의 시초라고 할 수 있는, 부품 8000개로 이뤄진 차분 기관(analytical engine)을 설계하다.

1843 에이다 러브레이스(Ada Lovelace)가 배비지의 차분 기관을 프로그래밍하는 설명서를 쓰면서 세계 최초의 프로그래머가 되다.

1928 IBM이 이진 컴퓨터 프로그램을 입력하기 위한 펀치 카드를 설계하다.

1941 영국의 과학자 앨런 튜링(Alan Turing)이 제2차 세계 대전에서 연합군이 독일을 물리치는 데 결정적인 역할을 한 최초의 암호 해독 컴퓨터를 개발하다.

1943 과학자들이 방 하나 크기의 컴퓨터 에니악을 만들다. 여성 수학자들이 에니악을 프로그래밍해서 미사일 발사 탄도 궤적을 계산하는 데 필요한 고급 미적분을 수행하다.

1952 전 해군 장교 그레이스 호퍼(Grace Hopper)가 사용자 중심의 프로그래밍 언어를 컴퓨터가 해독할 수 있는 코드로 변환하는 도구인 컴파일러를 만들다.

박사 과정의 알렉산더 더글러스(Alexander Douglas)가 세계 최초의 컴퓨터 게임 중 하나인, OXO 틱택토(tic-tac-toe) 버전을 쓰다. 게이머들은 회전식 전화 다이얼을 이용해 게임을 하다.

1956 다트머스대학교에서 최초의 AI 학회를 주최하다.

1965 책상에 올려 놓을 만큼 작은 최초의 컴퓨터가 1만 8000달러(2000만 원)에 팔리다.

1969 인터넷의 선구자인 아르파넷(ARPANET)이 최초의 호스트 대 호스트 연결 방식으로 온라인에 접속하다.

1975 미국의 컴퓨터 회사 아타리가 광범위하게 퍼진 최초의 비디오 게임 퐁(Pong)의 가정용 콘솔 버전을 발매하다. IBM이 모니터와 키보드로 구성된 최초의 데스크톱 컴퓨터 IBM5100을 출시하다.

빌 게이츠와 폴 앨런이 마이크로소프트를 설립하다.

1976 스티브 잡스와 스티브 워즈니악이 애플을 설립하다.

1982 타임지가 올해의 인물로 '컴퓨터'를 선정하다.

1985	마이크로소프트가 윈도OS의 첫 버전을 출시하다.
1997	IBM의 정교한 체스 게임 AI '딥 블루(Deep Blue)'가 세계 체스 챔피언 개리 카스파로프(Garry Kasparov)를 이기다.
1998	래리 페이지와 세르게이 브린이 구글을 설립하다.
1999	전 세계 기업과 정부가, 연도를 저장하는 데 두 자릿수만 할당하는 프로그램 때문에 발생하는 Y2K 버그를 해결하기 위해 수백만 달러를 투자하다.
2002	유통 플랫폼이 알고리즘을 사용하는 로봇 청소기 룸바(Roomba)를 판매하다.
2004	유명 해커 집단 어나니머스가 대중에게 공개되다.
2006	사전에 구글(google)이 '검색하다'는 의미의 동사로 추가되다.
	트위터와 페이스북이 출범하면서 13세 이상 누구나 가입하도록 허용함으로써 SNS의 붐을 일으키다.
2007	애플이 세계 최초의 스마트폰 아이폰을 출시해 모바일 앱 개발의 물결을 일으키다.
2008	구글이 자율 주행차 개발을 시작하다.
2010	IBM의 컴퓨터 왓슨(Watson)이 정교한 언어 분석을 사용해 제퍼디 퀴즈 쇼 우승자 두 명을 물리치다.
	스턱스넷 웜이 이란의 우라늄 농축 시설을 공격해 핵무기 개발을 방해하다.
	인스타그램이 출범하다.
2011	애플이 최초의 AI 음성 비서 '시리'를 소개하다.
	스냅챗이 출범하다.
2015	이미지 인식 AI가 1000개 이상의 범주에서 인간의 사물 식별 능력을 능가하다.
2018	구글의 자율 주행차 사업부 웨이모(Waymo)가 애리조나주 피닉스에서 자율 주행 택시 서비스를 시작하다.
2019	AI 프로그램이 복잡하고 전략적인 비디오 게임에서 프로게이머를 이기다.

지식은 모험이다 21

10대에 프로그래머가 되고 싶은 나, 어떻게 할까?

처음 펴낸 날	2021년 7월 1일
세번째 펴낸 날	2023년 6월 15일

글	제니퍼 코너-스미스
옮김	홍석윤
펴낸이	이은수
편집	최미소
디자인	원상희
펴낸곳	오유아이(초록개구리)
출판등록	2015년 9월 24일(제300-2015-147호)
주소	서울시 종로구 비봉 2길 32, 3동 101호
전화	02-6385-9930
팩스	0303-3443-9930
인스타그램	instagram.com/greenfrog_pub

ISBN 979-11-5782-105-1 44500

ISBN 978-89-92161-61-9 (세트)